门限自回归模型的平稳性理论

聂思玥　著

Stationary Theory of TAR Models

U0271343

中国财经出版传媒集团

经济科学出版社
Economic Science Press

图书在版编目（CIP）数据

门限自回归模型的平稳性理论/聂思玥著．—北京：
经济科学出版社，2018. 8
ISBN 978 - 7 - 5141 - 9831 - 7

Ⅰ. ①门…　Ⅱ. ①聂…　Ⅲ. ①门限自回归模型
Ⅳ. ①O212. 1

中国版本图书馆 CIP 数据核字（2018）第 236453 号

责任编辑：王　娟　张立莉
责任校对：隗立娜
责任印制：邱　天

门限自回归模型的平稳性理论

聂思玥　著

经济科学出版社出版、发行　新华书店经销
社址：北京市海淀区阜成路甲 28 号　邮编：100142
总编部电话：010 - 88191217　发行部电话：010 - 88191522
网址：www. esp. com. cn
电子邮件：esp@ esp. com. cn
天猫网店：经济科学出版社旗舰店
网址：http://jjkxcbs. tmall. com
北京季蜂印刷有限公司印装
710 × 1000　16 开　12. 75 印张　220000 字
2019 年 5 月第 1 版　2019 年 5 月第 1 次印刷
ISBN 978 - 7 - 5141 - 9831 - 7　定价：59. 00 元
（图书出现印装问题，本社负责调换。电话：010 - 88191510）
（版权所有　侵权必究　打击盗版　举报热线：010 - 88191661
QQ：2242791300　营销中心电话：010 - 88191537
电子邮箱：dbts@ esp. com. cn）

前　　言

经济学理论和经济研究实践都表明，很多重要的宏观经济时间序列可能表现出非线性动态调整特征。而这类非线性动态调整特征需要依靠非线性时间序列模型才能准确地进行建模。作为非线性时间序列主流模型之一的门限自回归（TAR）模型，自汤家豪（Tong, 1983）较完整地提出后，其估计和检验理论都得到了迅速的发展和完善。在恩德斯和格兰杰（Enders and Granger, 1998）提出了冲量自回归模型（MTAR）后，汤家豪（1983）提出的模型被称为自激励门限自回归模型（SETAR），这样 TAR 模型就被区分为 SETAR 模型和 MTAR 模型。然而，学术界一直没有文献对这两类模型进行系统的对比研究。在总体平稳条件下，本书对这两类门限自回归模型进行了系统的对比研究。在非平稳性理论研究方面，本书在坎纳尔和汉森（Caner and Hansen, 2001）（后文简称为 CH（2001））、西奥（Seo, 2008）以及卡普坦尼尔斯和欣恩（KS, 2006）等人的基础上，对 SETAR 和 MTAR 模型的单位根检验理论进行了深入的拓展研究。因而，本书的主要研究工作可从以下四个方面阐明。

在 SETAR 与 MTAR 建模的比较研究方面，本书从直观特征、样本统计矩、经济含义以及建模特征四个方面对 SETAR 和 MTAR 模型进行了详细的对比研究。研究结论认为，MTAR 过程比 SETAR 过程有更多的尖点；在平稳条件下，两类模型的样本矩函数都稳定地收敛到其总体矩，但总体矩函数的具体计算公式未知；SETAR 模型一般适用于研究经济变量的均值回复性等问题，而 MTAR 模型则可刻画政策对冲的实时有效性等经济问题；在建模方面，本书认为用 bootstrap 临界值加权的 WSSR 方法可以有效地进行模型甄别，提高建模准确率。

为揭示传统单位根检验方法在非线性条件下的不适用性，本书用 ADF、PP、KPSS、ERS 等单位根检验方法对各类不同的非线性模型进行检验尺度和检验功效模拟。结论认为，非线性特征由于其具体形式和参数的不同，可能会对数据过程的非平稳性起到"激化"作用，也可能会对非平稳性起到一定的"隐藏"作用，有必要从非线性模型的理论层面发展非线性单位根检验理论。

在 SETAR 模型与 MTAR 模型单位根检验的理论研究方面，本书第 3 章将坎纳尔和汉森（2001）的 2 体制 MTAR 模型单位根检验理论拓展到 3 体制 MTAR 模型的单位根检验中，得到了检验统计量的渐近分布；在第 4 章中分别将西奥（2008）的 2 体制 SETAR 模型单位根检验理论以及卡普坦尼尔斯和欣恩（2006）的 2 体制 SETAR 模型单位根检验理论拓展到估计方程含截距项的情形下，推导得到了检验统计量的渐近分布。在蒙特·卡洛（Monte Carlo）模拟研究方面，本书在一般情况下和均值突变情况下，分别用各个统计量的渐近临界值和 bootstrap 临界值对其检验尺度和检验功效进行模拟。结果显示在 MTAR 模型的单位根检验中，渐近临界值方法在样本容量较小时检验尺度偏大，但检验功效则尚可；而对于 bootstrap 方法，除了在含均值突变 3 体制 EQ - MTAR 的单位根检验中表现出检验尺度偏大以外，其他时候的检验尺度和检验功效都较为满意。在 SETAR 单位根检验的模拟试验中，渐近临界值法在所有模拟试验中都表现为检验功效偏低，而 bootstrap 方法的检验尺度和检验功效均较好。

在实证研究部分，本书用 3 体制 SETAR 模型研究了人民币对美元汇率的非线性动态调整问题。主要结论是：人民币对美元汇率的退势序列存在"BOI"区域，该过程应该用 3 体制 SETAR 模型来进行描述；在短期动态均衡中，人民币和美元之间存在相对购买力平价的关系，但调整周期长，是一个强持续性过程；人民币汇率有更大比例处于升值体制中，可认为人民币升值压力较大，且升值体制较贬值体制有着更快的均值回复速度，显示了市场对升值压力的抵抗和一定程度的外干预力量。

目　　录

第1章

绪　　论

1.1　选题背景和研究意义

1.1.1　选题背景

在经典计量经济学领域中，线性模型占据着重要的地位，是其他计量模型的基础。线性模型在模型设定方面较为简便，其参数估计和模型预测方法也已较为成熟，并且线性模型的结果在经济学理论中也易于解释和理解。线性自回归模型（linear auto regressive model）是一类重要的时间序列线性模型，通常用于刻画经济变量自身的线性动态调整机制，是时间序列分析的基础，在时间序列分析中具有的重要意义和地位。但经济学理论也表明，很多重要的宏观经济时间序列可能表现出非线性特征，许多实证研究也支持了"大量宏观经济序列存在非线性动态调整的特征"这一结论。如 GDP 增长率、通货膨胀率、失业率等重要的宏观经济变量在不同的商业周期呈现出不同的动态调整机制（Enders and Siklos，2001）。GDP 增长率在经济上升周期内的增长速度比经济衰退周期内的下降速度要慢；而通货膨胀率的表现则恰好相反，其上升的速度要高于下降的速度；失业率上升的速度也快于其下降的速度等，这些都是经济序列中的非线性调整现象。如果仍使用线性自回归模型对这些呈现非线性动态调整机制的经济变量进行建模，显然是不合适的。

为了适应快速发展的经济学理论，非线性的计量方法也得到了飞速发展。在非线性时间序列分析领域，发展的重点之一是各种非线性参数模型。其中，门限自回归模型（threshold auto regressive model）是计量经济学中研究经济变量非线性动态调整的重要理论。门限自回归（TAR）模型由华人统计学家汤家豪通过其三篇论文提出。三篇文章分别是汤家豪（Tong，1978）、汤家豪（1983）和汤家豪（1990），是用多体制"分段式"的局部线性自回归模型对数据进行建模逼近。依据门限变量的取值，把时间序列区分成多个体制（regime），每个体制各自建立不同的线性自回归模型。这样，门限自回归模型就可以用不同体制对经济变量中不同的动态特征进行刻画，实现对经济变量的准确描述。具备非线性特征的经济变量，其平稳性特征与线性经济变量的平稳性特征不相同，在实际研究中，呈现非线性特征的经济变量常常会被误检验为非平稳过程。究其原因，主要在于当经济存在结构不稳定时，有些经济序列即使不存在单位根，在短期内仍会表现出高度非平稳性，但在长期又会收敛。为了区别这些经济现象，需要发展新的非线性单位根检验方法。

就我国实际而言，由于中央政府一直在推行经济体制改革，我国经济经历了不同时期的经济体制转变，经济变量在这种情况下极有可能表现出非线性的动态调整特征。如果使用线性模型进行研究，则很有可能忽略了这些非线性特征，得到不准确甚至错误的结论。在此背景下，本书对门限自回归模型的理论进行研究，比较不同类型的门限自回归模型的特点，对不同条件下门限自回归模型的非平稳性检验方法的渐近分布理论和有限样本性质进行研究，并用这些理论对人民币汇率的非线性动态调整过程进行实证研究。

1.1.2　研究意义

经济研究人员的首要目标是对客观经济规律进行探索发现，以给相关政策制定部门提供一定的政策参考建议。经济规律主要是指，各经济变量本身波动的规律以及经济变量相互之间存在的变动规律，一般通过建立计量经济模型对这些经济规律的存在性进行检验，并形成对经济理论的支撑。门限自回归模型旨在捕捉经济变量本身的非线性动态调整特征，并对这些特征进行建模，本书的选题"门限自回归模型的理论与应用研究"正是在此背景之下提出的，因而，具有以下现实意义和理论意义。

1.1.2.1　现实意义

长期以来，金融市场中的动荡和不稳定性现象被解释为泡沫效应或溢出效应等，但近年大量的研究表明，这种现象更可能反映了变量之间存在的非线性关系。例如，在对汇率的购买力平价问题研究中，早期很多文献的结论是多数国家汇率的长期购买力平价不成立，检验发现对汇率购买力平价建立的模型与随机游走模型并无显著差异。但运用非线性建模技术后，发现是传统单位检验方法对非线性时间序列的低功效导致得到上述结论。这种非线性现象很多时候是由于交易成本和信息不对称而引发的，如在无交易成本的时候，套利原则会使得价格调整围绕长期均衡波动；但当存在交易成本的时候，价格的持续调整会被阻碍，只有当价格偏离带来的无风险套利利润能够弥补交易成本时，套利行为才会发生，此时价格围绕长期均衡调整的路径就呈现出非线性特征。这种经济现象中的非线性特征在宏观经济变量和金融市场变量中已被许多研究所证实。因此，利用非线性时间序列模型对宏观经济变量和金融时间序列变量建模已经成为一个主流方向。目前，计量经济学中主要使用的非线性时间序列模型有门限自回归模型、平滑转换自回归模型（smooth transition auto regression model）与马尔科夫体制转换模型（markov regime switching model）。此外，我国经济中的时间序列数据普遍都比较短，上述理论的有限样本性质对现实研究极为重要。因而，本书研究门限自回归模型及其平稳性检验理论，并将之应用到我国汇率的研究中，具有现实意义。

1.1.2.2　理论意义

门限自回归模型从汤家豪（1983）较完整地提出，发展至今已有 30 余年，由于非线性计量方法不断受到重视，众多计量研究人员参与到门限自回归模型的理论研究中来，逐步完善了检验、估计和推断等计量理论，一些新的检验和估计方法还在不断发展中。同时，时间序列的重要分支——单位根检验理论，在格兰杰和纽伯德（Granger and Newbold，1974）以及纳尔森和普罗瑟（Nelson and Plosser，1982）的发现之后，受到学术界的极大关注。线性时间序列的单位根检验理论已经成为时间序列领域成熟的理论，然而，由于传统线性时间序列的单位检验方法对非线性时间序列进行检验所表现出来的低功效问题，使得单位根检验理论的研究又出现了一个新的分支，即对非线性时间序列单位根检验方法的理论研究。目前，有关门限自回归模型中的单位根检验理论在相关文献中已有研究，但还没有完善成熟，甚至一般形式下 TAR 模型的平稳遍历性条件也尚未有确切结论。现有的门限自回归模型的单位根检验理论一般是在特定的、简单化的形式下进行推导得到的。本书对 SETAR 和 MTAR 两类不同的门限自回归模型的建模理论进行了比较；也对门限自回归模型的非线性单位根检验相关理论进行了扩展研究，如前所述，这两类问题的计量理论还在不断发展中，本书的研究在这方面做了进一步的补充，因而具有一定的理论意义。

1.2　国内外研究综述

在时间序列分析领域，ARMA 模型迅速而又持续地普及，证明了线性模型的实用性。然而，任何计量经济学模型都是对经济变量调整运动过程的近似描述，线性 ARMA 模型只是用数学公式来解释经济变量未知动态关系的第一步。真实的经济学世界存在大量的非线性动态特征，同时，经验证据也指出线性 ARMA 模型存在较大的局限性，为了给大量的非线性经济现象建模，我们需要研究和发展非线性时间序列模型。由于在处理非线性问题时，建立全局线性模型是不合适的，较为常见的替代方法就是把全局空间分成几个子空间，在状态空间的每个子空间上建立线性模型。门限自回归模型就是这样一类非线性时间序列模型，它对非线性动态特征建模是基于"分段"线性逼近，即把全局空间分割成多个子空间（门限自回归模型中称之为体制），每个体制上使用线性逼近。体制的分割标准依赖于门限变量，由这个变量的取值来确定每个体制内的样本。

1.2.1　门限自回归模型

汤家豪（1990）提出的门限自回归模型一般以原序列的滞后变量当作门限变量，在文献中一般称为自激励门限自回归（self-exciting TAR，SETAR）模型，其一般形式可表示如下：

$$X_t = \sum_{i=1}^{k} \{ b_{i0} + b_{i1}X_{t-1} + \cdots + b_{i,p_i}X_{t-p_i} + \sigma_i \varepsilon_t \} I(X_{t-d} \in A_i) \quad (1.1)$$

式（1.1）被记为 SETAR(p, d, k)，$I(X_{t-d} \in A_i)$ 是指示函数，当门限变量 X_{t-d} 取值在体制 A_i 内，则取值为 1，否则为 0。恩德斯和格兰杰（Enders and Granger，1998）在讨论门限自回归模型的单位根检验问题时，提出了冲量门限自回归（momentum TAR，MTAR）模型的概念，MTAR 的门限变量是差分序列的滞后变量，即式（1.1）中的指示函数变为：

$$I(\Delta X_{t-d} \in A_i) \qquad (1.2)$$

SETAR 和 MTAR 是目前较为常见的两类门限自回归模型。在本小节，主要回顾关于门限自回归模型的估计、检验和模型识别等方面的文献。

1.2.1.1　门限自回归非线性特征检验

门限自回归模型是在全局空间上对不同体制建立的线性模型，从而达到描述变量的非线性特征的目的，但是，一个变量到底应该建立线性模型还是应该建立非线性模型，需要有相应的检验标准才能让人信服。早期，门限自回归模型研究领域的研究重点之一就是门限效应的检验，并发展了许多可用的检验方法，这些检验方法的原假设一般为建立线性模型，它们可以大致分成两类：一类是混合检验，即没有指定的备择假设模型，主要是检验对线性模型的偏离；另一类检验是针对某些特定的备择假设模型所设计的。关于第一类检验，早期的有拉姆西（Ramsey，1969）提出的基于拉格朗日乘子原理的 RESET 检验、麦理德和李（McLeod and Li，1983）关于模型残差 ARCH 效应的检验以及布洛克和欣克曼等（Broock and Scheinkman et al.，1996）提出的检验残差独立性的 BDS 检验，本书不对这些内容进行讨论。

关于第二类检验，备择假设模型可以是平滑转移自回归模型（STAR）或门限自回归模型（TAR）等。例如，塔斯沃塔（Teräsvirta，1994）研究了用泰勒（Taylor）展开式对 LSTAR 模型和 ESTAR 模型效应进行检验的方法。在非线性特征的第二类检验中，备择假设模型为门限自回归模型的检验方法是本书关注的重点。

事实上，在对门限自回归的非线性特征检验中，由于原假设和备择假设中的参数不一致，会导致在原假设下推导得到的分布包含冗余参数（在原假设下为不可识别参数），进而导致分布函数不会随着样本容量增大渐近收敛到一个标准分布。戴维斯（Davies，1987）最早对该问题进行了研究，因此，该问题也被称为"Davies 问题"。为了解决这个难题，有学者采用非参数的方法，如蔡瑞胸（Tsay，1989）；也有学者提出采用综合统计量①的方法，如戴维斯（1987）与安德鲁和普罗伯格（Andrews and

---

① 安德鲁和普罗伯格（Andrews and Ploberger，1994）针对"Davies 问题"提出了利用综合统计量（summary statistics，包括 average、exponential average 和 supremum 三类统计量）来解决参数不可识别的问题。这些综合统计量不设定估计参数，而是假定格点内的值都是可行值，经过格点搜索逐一计算其统计量值，最后再计算用加权计算这些统计量值的加权值或取其上确界最优而得到。

Ploberger，1994）；汉森（Hansen，1996）在研究门限自回归的非线性特征检验时，采用了一个局部近似原假设，并构造了一个 P 值转换函数，可以很方便地直接获得接受原假设的 P 值。

蔡瑞胸（Tsay，1989）用一个排列回归方程（arranged regression）对门限自回归模型的非线性特征检验进行了研究。该方法是在不需要真实门限值的情况下，用一个不断迭代得到的预测残差对方程回归变量进行回归，再构造 F 统计量对方程显著性进行检验。当线性模型的原假设成立且样本量很大时，这个检验统计量的分布是一个标准 F 分布，而统计量的另一个变形则渐近服从 χ^2 分布。该方法没有对门限的非线性类型进行特别地限制，是一个非参数方法，因而，不存在冗余参数问题。此外，该方法的计算程序也较为简便。蔡瑞胸（1998）将该方法推广到了向量门限自回归模型的非线性特征检验中。陈和汤（Chan and Tong，1990）以及陈（Chan，1991）提供了一个针对备择假设为 2 体制 SETAR 模型的检验统计量，这个统计量是基于似然比检验原理的。陈和汤（1990）将该统计量由似然比检验形式经过相应变换，转化得到一个 F 检验。而陈（1991）则基于泊松块形启发法（poisson clumping heuristic），对该似然比检验统计量进行推导转换，得到了一个近似的经验分布，从而避免了冗余参数问题，并给出了一个与模型自回归滞后阶数 p 有关的临界值表。汉森（1996）对门限模型非线性特征检验中的冗余参数问题进行了研究，构造了一个基于稳健异方差的 *Wald* 统计量，并推导了该统计量的渐近分布，还构造了 P 值转换函数计算 *Wald* 统计量的分布函数概率值。该 P 值转换函数的构造使用了函数单调变换映射原理，保证了 P 值与统计量值的单调关系。最后，汉森（1996）以 SETAR 模型为例，对该方法进行了阐述，并研究了 SETAR 模型下 *Wald* 统计量的三个综合统计量，即平均统计量、指数平均统计量和上确界最优统计量的有限样本性质。

1.2.1.2 门限自回归的识别与估计

如果经非线性特征检验发现经济变量存在门限自回归效应，即可对其建立门限自回归模型。在门限自回归模型中，模型设定与识别主要是要确定体制个数 k，门限变量的滞后参数 d，以及各个体制内的自回归阶数。现有文献中，一般认为门限自回归的自回归阶数确定方法与线性 AR 模型类似，可以直接采用 AIC、BIC 准则；胡进（2010）针对门限自回归模型，讨论了不同的信息准则和偏自相关函数法对自回归阶数估计的准确性，并进行了有限样本下的模拟。下面对系统体制个数 k 以及门限变量滞后参数 d 的确定方法进行简要回顾。

皮丘西里和戴维斯（Petruccelli and Davies，1986）证明了门限自回归模型的条件最小二乘法（CLS）估计量是一致估计量。在该理论的基础上，陈（1993）对门限自回归模型的估计进行了详细讨论，对皮丘西里和戴维斯（1986）的估计理论进行拓展完善，证明了通过门限值格点搜索法得到的 $SETAR$ $(p, d, 2)$ 模型参数估计是一致估计量。该方法以模型的残差平方和为目标函数，门限值 γ 和滞后参数 d 作为函数变量，确定 $\gamma \times d$ 的搜索范围，通过格点搜索得到最小残差平方和的门限值和滞后参数。陈（1993）经过严格的数学证明，得到结论是：对于平稳遍历过程，上述格点搜索方法得到的参数估计量中 γ 的收敛级数是 T^{-1}，且 $T(\hat{\gamma}_T - \gamma)$ 收敛到一个复合 Poisson 过程的泛函；自回归系数估计量的收敛级数是 $T^{-1/2}$，且其渐近分布是一个多元的正态分布；并且上述两个渐近分布之间是渐近独立的。在平稳条件的假设条件下，陈和蔡（Chan and Tsay，1998）推导得到了条件最小二乘估计参数的收敛级数都是 $T^{-1/2}$，且是渐近正态的。汉森（2000）认为，陈（1993）得到的参数估计量的分布依赖于不可识别的冗余参数，他分析得到了门限值估计的另一个形式的渐近分布，该分布与冗余参数是渐近无关的，从而能够对门限变量的估计值构造置信区间；此外，还构造了 LR 统计量对门限效应进行检验，并推导了该检验统计量渐近分布的相关性质。

汉森（1999）讨论了如何确定 SETAR 模型中的体制个数，建议以 SETAR 模型的残差平方和（SSR）最小为目标函数进行门限值估计，门限值的搜索方法使用陈（1993）方法。当模型中的体制个数较多的时候，上述方法的计算量非常大。而白聚山（Bai，1997）以及白聚山和皮隆（Bai and Perron，1998）的结论表明：如果模型是 3 体制的门限自回归模型，则第二个门限值的确定是以第一个已搜索到的门限值为条件，进行第二次搜索。这样即可得到一个与真实门限值一致的门限估计量，无须在空间 $\gamma_1 \times \gamma_2 \times d$ 上重新搜索，因而，采用白聚山和皮隆等建议的方法，可以节约大量的计算工作量。汉森（1999）构造 F 统计量，$F_{ij} = T(SSR_i - SSR_j) / SSR_j$ 对不同体制的门限效应进行显著性检验，SSR_i 表示 i 体制 SETAR 模型的残差平方和。F_{ij} 可以比较 i 体制 SETAR 模型与 j 体制 SETAR 模型是否存在显著差别，如 F_{21} 用来比较应该建立线性 AR 模型还是建立 2 体制的 SETAR 模型，可视为模型的非线性特征检验。汉森并未讨论该统计量的渐近分布，他建议使用模拟的方法来获取渐近分布的分位数值或用 Bootstrap 有限样本分布的临界值进行检验。此外，斯曲克侯姆和塔斯沃塔（Strikholm and Teräsvirta，2006）提出了一个序贯检验门限自回归模型体制个数的方法，该方法借助平滑转移函数来替代门限自回归模型的指示函数进行回归，再分析模型残差作为因变量时的混合线性检验结果，如果拒绝，则说明存在一个额外的体制，需要重新进行估计，然后重复上述过程直到混合线性检验不再被拒绝；该方法与冈扎罗和皮塔拉基斯（Gonzalo and Pitarakis，2002）以及汉森（1999）的思路一致，只不过，后两者选择的分别是用模型的信息准则和 F 统计量来判断 m 与 $m+1$ 个体制的建模方式是否存在显著差别。

1. 2. 1. 3 门限自回归模型在经济领域的应用

门限自回归模型被广泛地应用到经济研究的各个领域。恩德斯和斯克罗斯（Enders and Siklos，2001）用 MTAR 模型和 SETAR 模型研究了美国利率和联邦基金利率之间的协整关系，恩德斯和霍克等（Enders and Falk et al.，2007）用 SETAR 模型对美国的 GDP 序列进行了研究。皮凡和斯科特曼等（Pfann and Schotman et al.，1996）在条件异方差假定下用 SETAR 模型对美国的利率序列进行建模，发现存在显著的非对称调整效应。梅耶尔和克拉蒙（Meyer and Cramon Taubadel，2004）对门限模型在价格调整领域的研究作了详尽的综述。纳拉延（Narayan，2006）发现美国的股价指数序列是一个含单位根的 SETAR 过程。在汇率的应用方面，泰勒（Taylor，2001）发现，使用线性模型对汇率序列建模研究持续性和均值回复问题会有很大偏倚，建议使用 SETAR 进行建模。贝克和本萨勒姆等（Bec and Ben Salem et al.，2004）在研究 SETAR 模型单位根检验的基础上，对欧洲国家的汇率序列进行单位根检验，得到的结论是多数国家的汇率序列能够拒绝单位根过程，是平稳的 3 体制 SETAR 过程。在国内，研究人员应用门限自回归模型进行实证研究的文献在近几年也日渐增加。刘金全和郑挺国等（2007）在货币模型框架下，利用恩德斯和斯克罗斯（2001）的门限协整方法研究人民币名义汇率与基本因素均衡汇率估计值的偏离，发现均衡汇率偏离具有显著的门限效应。靳晓婷和张晓峒等（2008）用人民币对美元名义汇率的差分序列进行了计量研究，通过建立基于不同时间段汇率数据的门限自回归（SETAR）模型，发现人民币汇率波动存在门限类型的非线性特征。朱孟楠和尤海波（2013）使用门限自回归模型，用月度实际汇率数据检验了人民币对主要贸易伙伴国家和地区的货币是否满足长期购买力平价理论。

1.2.2 单位根检验文献综述

不论是在计量经济学的理论分析还是应用经济学的实证研究中，单位根检验都具有重要意义。格兰杰和纽伯德（1974）通过蒙特卡洛（Monte Carlo）模拟研究表明，两个独立的单位根过程会产生虚假回归问题；纳尔森和普罗瑟（Nelson and Plosser，1982）用 ADF 方法检验 14 个美国宏观经济数据，发现存在 13 个单位根过程。这些研究结论使得经济序列的平稳性检验成为经济研究人员的一项必备工作。

如果对两个独立的随机过程进行回归发现存在统计意义上的显著关系时，即为虚假回归。菲利普斯（Phillips，1986）推导出了两个独立的单位根过程进行回归时的几个常用检验统计量的渐近分布，从而从理论上揭示了虚假回归的性质。虚假回归现象让经济研究人员开始重视随机过程序列的单位根检验。单位根检验是对时间序列数据进行深入研究的基础，主流的单位根检验方法有迪基和富勒（Dickey and Fuller，1979，1981）提出的 DF 单位根检验和 ADF 单位根检验、菲利普斯（1987）与菲利普斯和皮隆（Phillips and Perron，1988）提出的 PP 单位根检验等。

无截距项和趋势项的 AR（1）模型的单位根检验是最基础的一类单位根检验，DF 检验的一般检验式可记为：

$$\Delta X_t = \rho X_{t-1} + \varepsilon_t \tag{1.3}$$

在国内，张晓峒和攸频（2006）对含截距项和时间趋势项的单位根过程检验中的截距项和时间趋势项进行了研究，推导了估计参数的渐近分布，并研究了其有限样本性质。张凌翔和张晓峒（2009，2010）分别对单位根过程中的 *Wald* 统计量和 LM 统计量进行了研究，并得到了它们的渐近分布，研究了这些统计量的有限样本性质。

上述文献是对经典的单位根过程检验方法及性质的研究。皮隆（1989）对纳尔森和普罗瑟（1982）研究的 14 个经济序列重新进行单位根检验，发现因没考虑数据生成过程中的结构突变，导致了单位根检验功效大幅下降。他在序列的数据生成过程中引入结构突变后，得到的结论是真正的单位根过程只有 3 个，这一现象后来被称为"Perron 现象"。皮隆（1989）建立了相对完备的理论体系，成为结构突变单位根研究方法的一个里程碑，把结构突变引入 ADF 单位根检验，从而将结构突变单位根检验方法带入主流经济学研究领域。皮隆（1990）以及皮隆和沃格桑（Perron and Vogelsang，1992）在序列存在均值突变的情况下，推导了单位根检验统计量的渐近分布，并对有限样本下的临界值进行了模拟。

在序列含有内生结构突变的单位根检验理论方面，李和斯塔兹茨齐（Lee and Strazicich，2003）、鲁姆斯丹和帕佩儿（Lumsdaine and Papell，1997）研究了序列存在内生结构突变点的时候进行单位根检验的问题。他们在皮隆（1989）原假设的基础上做了扩展，提出了含两个内生结构突变点的 LM 单位根检验，若检验结果拒绝原假设，则接受被检验序列为含结构突变的趋势平稳过程。布萨第和泰勒（Busetti and Taylor，2004）提出了一个新的统计量，并认为这一统计量对未知突变点也有较好的检验效果，且这一统计量还能用于检验由于趋势函数变化导致发生的结构突变，进一步拓宽了结构突变单位根检验的研究范围。

1.2.3 门限自回模型的单位根研究综述

前文所述的经典 ADF 和 PP 单位根检验法，主要是针对线性自回归模型检验式而产生的单位根检验理论，是一类对称单位根检验[①]的方法。门限自回归模型的非对称单位根检验，其原假设是单位根过程，而备择假设是平稳门限自回归模型的假设检验。以 SETAR（1，1，2）为例，简化的检验式可写为：

$$\Delta X_t = \begin{cases} \rho_1 X_{t-1} + \varepsilon_t & if \quad X_{t-1} \in A_1 \\ \rho_2 X_{t-1} + \varepsilon_t & if \quad X_{t-1} \in A_2 \end{cases} \qquad (1.4)$$

当式（1.4）中 $\rho_1 = \rho_2$ 成立时，就退化为普通线性单位根检验式（1.3）。皮朋杰和吉尔灵（Pippenger and Goering，1993）用 ADF 和 PP 单位根检验法对 TAR 模型进行单位根检验，结论是 ADF 与 PP 检验在 TAR 模型下具有较低的检验功效。巴尔克和姆比（Balke and Fomby，1997）在研究门限协整问题时，通过模拟得到的结论也是 ADF 和 PP 检验法对 Band – TAR 和 EQ – TAR 的检验功效较低。因此，迫切需要对非线性模型的单位根检验方法进行研究。

恩德斯和格兰杰（1998）最早对 SETAR 模型和 MTAR 模型中的单位

---

① 将传统单位根检验法称为对称单位根检验，是相对于非线性模型中的非对称单位根检验而言的。非线性模型如式（1.4）中，ρ_1 与 ρ_2 常不相等，表现出了非对称性。刘汉中（2008）认为，这种非对称性会影响传统单位检验法对非线性模型进行单位根检验的检验功效。

根检验问题进行了研究。该文献指出，随着越来越多的经济序列被发现存在非线性动态特征，而经典的线性单位根检验只是针对形如式（1.3）的对称调整过程，且存在低检验功效等问题，因此，有必要建立非对称单位根检验理论和方法。恩德斯和格兰杰的非线性模型单位根检验的基本流程是：首先，对检验序列进行退势；其次，对退势序列建立形如式（1.4）的 TAR 模型；最后，用 F 统计量对 H_0：$\rho_1 = \rho_2 = 0$ 进行检验。但模拟得到的 2 体制的 SETAR 模型单位根检验功效比 ADF 的检验功效要低，而 3 体制的 SETAR 模型和 2 体制的 MTAR 模型的检验功效则与 ADF 相差不大。恩德斯（2001）指出，上述研究中检验功效低的重要原因在于间接地使用了序列的均值估计量作为门限值。为了克服这个弊端，恩德斯（2001）引入陈（1993）的门限一致估计量做了相应改进。模拟结果却表明，改进之后，F 统计量的检验功效并未得到改进。这两篇文献都没有对统计量的渐近分布进行推导。

在门限自回归模型的单位根检验中，由于门限变量未知且在原假设下该参数并不存在，因而，一般都需要对门限变量的取值范围进行设定，从而确保单位根检验统计量的渐近分布不依赖于模型的估计参数。在 SETAR 的单位根检验研究方面，波本和迪基克（Berben and Dijk，1999）针对连续型的 2 体制 SETAR 进行了单位根检验理论的研究。波本和迪基克（Berben and Dijk）采用了漂移门限（drifting threshold），即采用样本最大值和最小值的加权来表示门限变量的取值范围。他们与恩德斯和格兰杰一样也使用了 F 统计量，在"漂移门限"的设定下，推导了门限已知和门限未知两种情况下该统计量的渐近分布，有限样本下的模拟结果表明该方法的检验功效比 ADF 有所改善。贝克和本萨勒姆（Bec and Ben Salem，2004）以及贝克和瓜伊（Bec and Guay，2008）研究了 3 体制 SETAR 模型的单位根检验问题。贝克和本萨勒姆（2004）在讨论模型平稳的一般性条件时，认为全局平稳下仍可允许中间体制①是单位根过程甚至是爆炸（explosive）式过程，但当滞后参数 d 与自回归阶数 p 满足 $d < p$ 时，可避免中间体制出现爆炸根（特征根在单位圆以内）的情形。在推导单位根检验统计量的渐近分布时，贝克和本萨勒姆使用了一个比原假设更强的替代性假设。在该假设下，使用类似波本和迪基克（1999）的门限变量取值范围的方式，贝克和本萨勒姆等推导了单位根检验统计量 sup*Wald*、sup*LR*、sup*LM* 的渐近分布，发现三个统计量收敛到同一个非标准分布。有限样本的模拟结果

---

① 在 3 体制或更多体制的门限自回归模型中，通常将最外端的两个体制称为外体制，其他体制被这两个体制夹在其中间，因而被称为中间体制。

也显示，渐近分布的临界值依赖于模型的估计参数和样本数据。贝克和瓜伊（2008）考虑了另一个不同的门限变量取值范围的设定方式，即在原假设下门限变量的取值范围最小，而在备择假设下取值范围最大的一种适应性（adaptive）门限值集合。贝克和瓜伊等分别在一个适应性的渐近无界集和一个适应性的有界集上推导了 sup*Wald* 的渐近分布。卡普坦尼尔斯和欣恩（Kapetanios and Shin，2006）研究了中间体制为单位根过程的 3 体制 SETAR 模型的单位根检验方法，设定了一个宽度为 $\frac{2c}{T^{\delta}}$，（$\delta \geqslant 0.5$）的门限变量取值范围，并推导了 sup*Wald* 统计量的渐近分布。卡普坦尼尔斯和欣恩证明了在一定假设下，*Wald* 统计量 $W_{(r_1, r_2)}$ 收敛到 $W_{(0,0)} = W_{(0)}$。此外，还考虑了当数据过程含有漂移项和时间趋势项时的情况，并分别给出了渐近临界值表。最后，采用多种不同的门限变量取值范围设定，将 *Wald* 统计量与其他文献的检验统计量进行了检验尺度和检验功效的比较，发现 *Wald* 统计量的指数平均（exponential average）综合统计量具有较为明显的检验优势。西奥（2008）研究了 2 体制 SETAR 模型的单位根检验方法，推导了 *Wald* 检验统计量的渐近分布。在模拟时，西奥（2008）采用了残差分块自举法（residual-based block bootstrap，RBB）计算 bootstrap 分布的渐近 p 值，RBB 法最先由帕帕罗蒂斯和波里蒂斯（Paparoditis and Politis，2003）提出，适用于模型残差存在自相关时的单位根检验。

在 MTAR 的单位根检验研究方面，坎纳尔和汉森（Caner and Hansen，2001）认为 2 体制 TAR 的非平稳性来源可能只是其中一个体制，因而，他们研究的备择假设为 $H_1: \rho_1 < 0$ 或者 $\rho_2 < 0$。在 MTAR 设定下，推导了单位根检验的 t 统计量和单边 *Wald* 统计量的渐近分布，同时也推导了检验 MTAR 非线性特征的 *Wald* 统计量的渐近分布。模拟结果表明，存在一定的检验尺度扭曲，因此，容易过度拒绝单位根过程。需要注意的是，由于坎纳尔和汉森是对 MTAR 模型分析单位根检验问题，该模型的门限变量是原序列的差分序列，为平稳变量。欣恩和李（Shin and Lee，2001）也对 2 体制的 MTAR 模型进行了单位根检验研究，并就非零均值 MTAR 模型的单位根检验进行了拓展。在应用方面，张和苏等（Chang and Su et al.，2012）用坎纳尔和汉森（2001）方法对 9 个东亚地区的汇率进行购买力平价检验，发现购买力平价下实际汇率呈现非线性动态调整特征，在 10% 的显著性水平下有包括中国在内的 6 个汇率序列能够拒绝非平稳过程，认为

实际汇率是一个平稳的非线性过程。

1.3　研　究　内　容

根据选题背景和国内外研究综述，本书深入分析当前研究现状，对门限自回归模型中的以下问题进行研究。

1.3.1　平稳条件下的门限自回归模型理论

本书第 2 章引入 SETAR 模型和 MTAR 模型，讨论其平稳遍历的基本条件，再对门限自回归模型的门限效应检验以及模型估计进行说明。在此基础上，本书从直观特征、样本统计矩、经济含义以及建模特征等方面对 SETAR 模型与 MTAR 模型进行对比研究。

1.3.2　MTAR 模型的单位根检验

本书第 3 章和第 4 章主要研究门限自回归模型的单位根检验理论。考虑到用传统单位根检验方法（包括 ADF、PP、KPSS、ERS 等）对各类不同非线性模型进行较为全面的检验效果（包括检验尺度和检验功效）模拟试验有较大的意义，首先，第 3 章讨论了非线性条件下的传统单位根检验的低功效问题，揭示传统单位根检验方法在非线性条件下不适用性的机理；然后，讨论了 MTAR 模型的单位根检验问题，并将该方法扩展到了对 3 体制 MTAR 模型的单位根检验问题的研究。第 3 章还从均值方程含结构突变的角度，对坎纳尔和汉森（2001）的 2 体制 MTAR 模型以及扩展的 3 体制 MTAR 模型的单位根检验进行了 Monte Carlo 模拟。

1.3.3　SETAR 模型的单位根检验

第 4 章主要研究了 SETAR 模型的单位根检验问题，在西奥（2008）的 2 体制 SETAR 模型的单位根检验方法的基础上，扩展研究了估计方程含截距项的单位根检验理论；同时，在卡普坦尼尔斯和欣恩（2006）的基础上，研究了 3 体制 SETAR 模型在估计方程含截距项时的单位根检验理论。第4章从均值方程含结构突变的角度，对 SETAR 模型的单位根检验进行了 Monte Carlo 模拟。最后，还介绍了刘和凌等（Liu and Ling et al.，2011）的理论，对非平稳条件下 2 体制 SETAR 模型的估计系数的参数分布理论进行了说明。

1.3.4　人民币汇率的均值回复过程研究

第5章将门限自回归模型的相关理论应用到人民币汇率的实证研究中，采用 3 体制的 SETAR 模型对购买力平价理论框架下的人民币实际汇率均值回复过程的非线性调整问题进行了研究。

1.4　本书创新与突破

本书的主要创新体现在以下几个方面。

（1）在 MTAR 和 SETAR 的单位根检验理论研究方面的创新。本书在坎纳尔和汉森（2001）对 2 体制 MTAR 单位根检验研究的基础上，扩展研究了 3 体制的 MTAR 模型单位根检验统计量的渐近分布理论和有限样本性质。参考皮隆（1989，1990）、皮隆和沃格桑（Perron and Vogelsang，1992）对原假设为含均值突变的单位根，被择假设为含均值突变的平稳 SETAR 模型的情形，用 Monte Carlo 模拟方法研究了 2 体制和 3 体制 MTAR 单位根检验统计量的渐近临界值和有限样本性质。在 SETAR 模型的单位根检验研究中，本书对 2 体制 SETAR 模型的西奥（2008）检验方法进行了扩展。在原假设不变的情况下，考虑估计方程带截距项时，研究了单位根检验统计量的渐近分布理论；在 3 体制的 SETAR 模型单位根检验研究中，本书将卡普坦尼尔斯和欣恩（2006）的方法扩展到估计方程含截距项的情形，得到单位根检验统计量的渐近分布理论，并研究了其有限样本性质。此外，还用 Monte Carlo 模拟方法研究了含均值突变情形下的 2 体制和 3 体制 SETAR 模型单位根检验统计量的渐近临界值和有限样本性质。

（2）自恩德斯和格兰杰（1998）引入 MTAR 模型以来，几乎没有文献讨论了 SETAR 与 MTAR 之间的建模对比。恩德斯和斯克罗斯（2001）和恩德斯和格兰杰（1998）分别研究了 MTAR 和 SETAR 在门限协整模型中的特点。本书将从直观特征、样本统计矩、经济含义以及建模特征（如一个序列如何识别该建立 SETAR 还是 MTAR 模型；一个 SETAR 的数据生成过程用 MTAR 进行建模，此时模型有什么特征）等方面对 SETAR 与 MTAR 进行较为全面的对比研究，上述研究是本书开展的一个创新研究。

（3）虽然皮朋杰和吉尔灵（Pippenger and Goering，1993）与巴尔克和姆比（Balke and Fomby，1997）发现了 DF 和 ADF 检验对非线性模型的检验功效偏低；刘汉中（2008）认为，非对称度和自回归系数是影响 DF 和 ADF 检验低功效的主要原因，但上述文献并未全面地研究传统单位根检验方法（包括 ADF、PP、KPSS、ERS 等）对各类不同非线性模型的检验尺度和检验功效。本书对该问题进行了较为系统地研究，以揭示传统单位根检验方法在非线性条件下的不适用性。

（4）实证方面的创新。采用 3 体制的 SETAR 模型对购买力平价理论框架下的人民币实际汇率均值回复过程的非线性调整问题进行了研究，发现实际汇率的均值回复过程具有典型非线性特征和强持续性。人民币实际汇率的均值回复过程还呈现出了局部非平稳特征，验证了交易成本存在时，基于购买力平价的实际汇率调整过程存在 band of inaction（BOI）区域的特点。模型结果还显示人民币在均值回复过程中承受着较多的升值压力，但在升值体制中的均值回复速度较快，表明人民币升值的很大一部分压力来自外部，并非完全是市场的意愿。

第 2 章

总体平稳条件下的门限自回归模型

在本书绪论部分已经提到，经济学理论和经济学实证研究结果都支持了宏观经济时间序列，如 GDP 增长率、通货膨胀率、失业率等重要的宏观经济变量在不同的商业周期存在非线性调整特征这一结论。因而，全局线性模型在非线性系统中建模是不适用的，部分文献中采用了全局二次或高阶自回归形式的线性模型，实际上，这些模型的结果也并不稳定。对非线性系统建模的一个有效办法就是运用线性逼近进行"分段"建模。事实上，在几乎所有的学科中，线性逼近都被视为一个强大的数学工具而被应用在大量的科学研究中。

本章将要介绍的门限自回归模型（TAR）就是一类对非线性系统进行线性逼近的非线性时间序列模型，该模型（自激励门限自回归模型，SETAR）[①] 由汤家豪（1978、1983）提出，汤家豪（1990）对该方法进行了较为全面细致的论述。它是一种基于"分段"的线性逼近，即由门限变量作为"分段"的控制变量，把状态空间按一定基准分割成若干个子集空间（也称为若干个体制），在每个体制上使用线性 AR 模型建模。在自激励门限自回归模型中，门限变量是原序列的滞后变量；绪论中已经提到，当门限变量是差分序列的滞后变量时，恩德斯和格兰杰（1998）将其称为冲量门限自回归（MTAR）模型。

本章在介绍门限自回归模型时，将引入上述两类 TAR 模型——SETAR 模型和 MTAR 模型，讨论其平稳遍历的基本条件，介绍关于门限自回归模型的门限效应检验以及模型估计、模型识别的方法。在此基础上，本书从直观特征、样本统计矩、经济含义以及建模特征四个方面对

---

① 门限自回归（TAR）模型最早是以自激励门限自回归（SETAR）模型的形式提出的，汤家豪（1990）将之称为 TAR 模型。后来，恩德斯和格兰杰（1998）发展了一个区别于 SETAR 模型的 MTAR 模型。在以后的文献中都将最初的 TAR 模型称为 SETAR 模型。

SETAR 模型与 MTAR 模型进行了对比研究。

2.1　门限自回归模型的设定与平稳性质

如前所述，门限自回归模型依据门限变量的不同，可以分为 SETAR 模型和 MTAR 模型。MTAR 的门限变量是差分序列的滞后变量，而 SETAR 的门限变量是原序列的滞后变量。接下来本节将首先介绍 SETAR 模型的设定。

2.1.1　SETAR 模型

根据汤家豪（1978、1983）对 SETAR 模型的定义，可以将 SETAR 写成如下形式：

$$X_t = \sum_{i=1}^{k} \{ b_{i0} + b_{i1}X_{t-1} + \cdots + b_{i,p_i}X_{t-p_i} + \sigma_i \varepsilon_t \} I(X_{t-d} \in A_i), \bigcup_{i=1}^{k} A_i = A$$

$$(2.1)$$

其中，$\{\varepsilon_t\} \sim iid(0, 1)$，且 $\sigma_i > 0$；k 代表的是 SETAR 模型中体制的个数，是未知的正整数，需要通过模型识别方法进行识别得到；X_{t-d} 是门限变量；d，p_1，$\cdots$，p_k 是一些未知的正整数，d 被称为滞后参数，主要用于控制门限变量的选取；p_i 是各个体制中自回归的滞后阶数；$b_{ij}(j=1, \cdots, p_i)$ 是待估计的未知自回归参数；$\{A_i\}_{i=1}^{k}$ 构成对系统总体 A 的一个分割组合，假定 $A_j(j=1, \cdots, k)$ 是系统总体中的一个体制，其含义是对所有的 $i \neq j$，$A_i \cap A_j = \phi$，且 $\bigcup_{i=1}^{k} A_i = A$。在式（2.1）中，$I(X_{t-d} \in A_i)$ 称为指示函数，满足下式：

$$I(X_{t-d} \in A_i) = \begin{cases} 1, & (X_{t-d} \in A_i) \\ 0, & (X_{t-d} \notin A_i) \end{cases} \qquad (2.2)$$

上述式（2.1）和式（2.2）构成的模型通常被记为 $SETAR(p, d, k)$。在目前的研究中，一般以 X_{t-d} 的取值来控制系统总体 A 的分割，即根据 X_{t-d} 取值情况得到体制分割组合 $\{A_i\}_{i=1}^{k}$。下面定理引自范剑青和姚琦伟（2005）中的定理 2.4（chap.2）。

定理 2.1：对于式（2.1）和式（2.2）构成的模型，如果：（a）$\sigma_1 = \cdots = \sigma_p$；（b）或者 $\max_{1 \leq i \leq k} \sum_{j=1}^{p_i} |b_{ij}| < 1$，或者 $\sum_{j=1}^{p} \max_{1 \leq i \leq k} |b_{ij}| \leq 1$（其中，

$p = \max_{1 \leq i \leq k} p_i$），则模型（2.1）有严平稳解。

在现实经济问题中，2 体制和 3 体制的 SETAR 模型较为常见，$k \geq 4$ 的情形较为少见。2 体制 SETAR 模型的一般表达式为：

$$X_t = \begin{cases} b_{10} + \sum_i b_{1i} X_{t-i} + \sigma_1 \varepsilon_t, \ X_{t-d} \leq \gamma \\ b_{20} + \sum_j b_{2j} X_{t-j} + \sigma_2 \varepsilon_t, \ X_{t-d} > \gamma \end{cases} \tag{2.3}$$

在式（2.3）中，γ 是门限值，指示函数公式（2.2）在这里的具体形式就是 $I(X_{t-d} \leq \gamma)$ 和 $I(X_{t-d} > \gamma)$。这样就将样本分割成了两个体制，这两个体制需要用不同的线性自回归模型分别进行描述。式（2.3）还可以写成如下紧凑形式：

$$X_t = \left(b_{10} + \sum_i b_{1i} X_{t-i} + \sigma_1 \varepsilon_t \right) I_t + \left(b_{20} + \sum_j b_{2j} X_{t-j} + \sigma_2 \varepsilon_t \right)(1 - I_t)$$

$$I_t = \begin{cases} 1, \ (X_{t-d} \leq \gamma) \\ 0, \ (X_{t-d} > \gamma) \end{cases} \tag{2.4}$$

3 体制的 SETAR 模型则需要用 2 个门限值对样本进行分割。如果各个体制中自回归模型的滞后阶数相同，并且误差项具有相同的方差时，可以表示为：

$$X_t = \begin{cases} b_{10} + b_{11} X_{t-1} + \cdots + b_{1p} X_{t-p} + \varepsilon_t, & X_{t-d} \leq \gamma_1 \\ b_{20} + b_{21} X_{t-1} + \cdots + b_{2p} X_{t-p} + \varepsilon_t, & \gamma_1 < X_{t-d} \leq \gamma_2 \\ b_{30} + b_{31} X_{t-1} + \cdots + b_{3p} X_{t-p} + \varepsilon_t, & X_{t-d} > \gamma_2 \end{cases} \tag{2.5}$$

SETAR 模型已被广泛地用于各种不同的领域进行非线性建模，如经济学领域的刁和蔡（Tiao and Tsay，1994）、泰勒（2001）、布拉特西科维尼（Bratcikoviene，2012），人口学研究领域如斯坦西斯、陈和汤（1999）等文献。

上述模型都是一般形式下的 SETAR 模型，如式（2.3）和式（2.4）允许全部参数在两个体制中都不相同；而模型（2.5）则是约束了各个体制中自回归模型的滞后阶数相同且误差项具有相同的方差。在运用 SETAR 模型进行实证研究时，约束的 SETAR 模型常在各类文献中被使用，较为典型的有巴尔克和姆比（1997），文章中作者对 SETAR 模型（2.5）进行进一步约束得到了如下所谓的 EQ‐TAR、Band‐TAR 和 RD‐TAR 模型：

（1）EQ‐TAR 模型：

$$X_t = \begin{cases} X_{t-1} + \varepsilon_t, & |X_{t-1}| \leq \gamma \\ b_{11} X_{t-1} + \varepsilon_t, & |X_{t-1}| > \gamma \end{cases} \tag{2.6}$$

（2）Band – TAR 模型：

$$X_t = \begin{cases} -\gamma(1 - b_{11}) + b_{11}X_{t-1} + \varepsilon_t, & X_{t-1} < -\gamma \\ X_{t-1} + \varepsilon_t, & |X_{t-1}| \leq \gamma \\ \gamma(1 - b_{11}) + b_{11}X_{t-1} + \varepsilon_t, & X_{t-1} > \gamma \end{cases} \tag{2.7}$$

（3）RD – TAR 模型：

$$X_t = \begin{cases} b_0 + X_{t-1} + \varepsilon_t, & X_{t-1} < -\gamma \\ X_{t-1} + \varepsilon_t, & |X_{t-1}| \leq \gamma \\ -b_0 + X_{t-1} + \varepsilon_t, & X_{t-1} > \gamma \end{cases} \tag{2.8}$$

上述三个约束模型的中间体制均为单位根过程。虽然 EQ – TAR 模型的中间体制是单位根过程，但当 $b_{11} < 1$ 成立时，模型总体是均值回复的，其均值为 0；当观测值超出 $[-\gamma, \gamma]$ 这个范围时，模型 $X_t = b_{11}X_{t-1} + \varepsilon_t$，$b_{11} < 1$，使得序列总有回复到总体均值的趋势。同理，当式（2.7）中，$b_{11} < 1$ 成立时，Band – TAR 模型也是均值回复的，与 EQ – TAR 模型不同之处在于，Band – TAR 模型的两个外体制（分别指满足 $X_{t-1} < -\gamma$ 和 $X_{t-1} > \gamma$ 的两个体制）的均值总是就近回复到 $|X_t| = \gamma$ 这两条均值线上。但 RD – TAR 模型（2.8）不是一个均值回复的模型，而可能是一个总体非平稳过程。关于 TAR 模型平稳性在 2.1.3 小节讨论。

2.1.2　MTAR 模型

MTAR 模型最早由恩德斯和格兰杰（1998）在研究非对称单位根检验问题时提出，其与 SETAR 模型的核心区别在于使用了不同的门限变量——差分序列的滞后变量。门限变量的不同，赋予了这两个模型不同的含义和性质，本小节将对 MTAR 模型的设定进行说明。

式（2.1）和式（2.2）构成了对 SETAR 模型的描述，而对于 MTAR 模型只需对指示函数式（2.2）进行修改即得到 MTAR 模型的表示式：

$$X_t = \sum_{i=1}^{k} \{ b_{i0} + b_{i1}X_{t-1} + \cdots + b_{i,p_i}X_{t-p_i} + \sigma_i\varepsilon_i \} I(\Delta X_{t-d} \in A_i), \cup_{i=1}^{k}A_i = A$$

$$I(\Delta X_{t-d} \in A_i) = \begin{cases} 1, & (\Delta X_{t-d} \in A_i) \\ 0, & (\Delta X_{t-d} \notin A_i) \end{cases} \tag{2.9}$$

式（2.9）除 ΔX_{t-d} 取代 X_{t-d} 成为门限变量外，其他各符号的含义与式（2.1）和式（2.2）中的一致。在 MTAR 模型中，依据原序列滞后变

量的变化值 ΔX_{t-d} 是否属于某个范围进行样本分割，得到总体 A 的一个分割组合。

同样，MTAR 模型也有 2 体制 $MTAR(p, d, 2)$ 和 3 体制 $MTAR(p, d, 3)$，这些设定与 SETAR 模型类似，不再赘述。有关 MTAR 和 SETAR 的比较将在 2.3 节进行详细研究。

恩德斯和斯克罗斯（2001）、恩德斯和格兰杰（1998）以及坎纳尔和汉森（2001）等运用 MTAR 模型对利率以及失业率等经济学问题进行了应用研究。

2.1.3　模型的平稳遍历性质

在时间序列分析中，模型的平稳遍历性分析一直是不可缺少的一部分。为了研究这个问题，首先要理解清楚平稳性与遍历性的概念。对于一个随机过程，如果在任意时点其概率分布的特征不受时间原点变化的影响，则称该随机过程是"严平稳"的。若一个随机过程是"严平稳"的，且存在一阶矩和二阶矩，则该随机过程在任一时点的均值和方差都是常数；协方差与时间的起点无关，仅与时间间隔有关。对于一个平稳的随机过程 $\{X_t\}$，如果其时间均值 $\dfrac{1}{T}\sum_t X_t$ 以概率 $P = 1$ 收敛到其空间均值 $E(X_t)$，则称该过程具有均值函数遍历性。同理，可以定义随机过程的二阶矩遍历性质。因此，对于一个遍历的随机过程而言，过程的集合平均等于任何一个样本在实际时间 T 上的平均。如果一个随机过程是遍历的，其具有唯一的平稳分布，且利用其数据生成过程的一次实现（realization），通过选择合理的模型设定与参数估计方法即可得到描述该过程的未知参数的正确估计和统计性质推断。

上述讨论表明，一个遍历过程是平稳的，但平稳过程并不一定是遍历的。目前，对一般形式下的门限自回归模型，学术界尚未得到其平稳遍历性的充分必要条件。所以，本小节只对一些特殊情形的 2 体制和 3 体制门限自回归模型的平稳遍历性的条件进行讨论。最早对门限自回归模型的平稳遍历性问题进行讨论的文献是皮丘西里和乌尔霍德（Petruccelli and Woolford，1984），他们研究了 2 体制的 TAR（1，1，2）模型的遍历性条件。

2.1.3.1　2体制TAR及其扩展模型的平稳遍历性条件

考虑如下 $TAR(1, d, 2)$ 模型：

$$X_t = \begin{cases} b_{10} + b_{11}X_{t-1} + \sigma_1\varepsilon_t, & z_{t-d} \leqslant \gamma \\ b_{20} + b_{21}X_{t-1} + \sigma_2\varepsilon_t, & z_{t-d} > \gamma \end{cases} \tag{2.10}$$

其中，ε_t 是零均值、独立同分布的误差项，且处处具有正的概率密度函数值。皮丘西里和乌尔霍德（1984）对模型（2.10）的约束形式讨论了模型的遍历性，在约束 $b_{10} = b_{20} = 0$，$\gamma = 0$，$\sigma_1 = \sigma_2$，且在门限变量 $z_{t-d} = X_{t-1}$ 的条件下，得到了该模型具有遍历性的充分必要条件：

$$b_{11} < 1, \quad b_{21} < 1, \quad b_{11}b_{21} < 1 \tag{2.11}$$

此外，陈和蔡（1991）将门限变量的约束做了进一步放松，即 $z_{t-d} = X_{t-d}(d > 1)$，此时，模型（2.10）具有遍历性的充分必要条件，除了式（2.11）需要满足以外，还需式（2.12）得到满足：

$$b_{11}^{s(d)}b_{21}^{t(d)} < 1, \quad b_{11}^{t(d)}b_{21}^{s(d)} < 1 \tag{2.12}$$

在式（2.12）中，$s(d)$ 和 $t(d)$ 分别表示依赖于滞后参数 d 的一些非负的奇数和偶数。对于不同的滞后参数 d，陈和蔡（1991）还列出了相应的 $s(d)$ 和 $t(d)$ 的取值表。

将模型（2.10）扩展到 $TAR(1, d, k)$ 模型中，即对于 $z_{t-d} = X_{t-1}$，且 k 取任意正整数时，陈、皮丘西里和汤（1985）对该多体制 TAR 模型的平稳遍历性质进行了研究，并得到了以下结论：模型具有遍历性的充分必要条件是下面五个条件中任何一个都能够得到满足：

$$\begin{aligned} &(a)\, b_{11} < 1, \quad b_{k1} < 1, \quad b_{11}b_{k1} < 1; \\ &(b)\, b_{11} = 1, \quad b_{k1} < 1, \quad b_{10} > 0; \\ &(c)\, b_{11} < 1, \quad b_{k1} = 1, \quad b_{k0} < 0; \\ &(d)\, b_{11} = 1, \quad b_{k1} = 1, \quad b_{k0} < 0 < b_{10}; \\ &(e)\, b_{11}b_{k1} = 1, \quad b_{11} < 0, \quad b_{k0} + b_{k1}b_{10} > 0_\circ \end{aligned} \tag{2.13}$$

上述五个条件中涉及的参数只有 b_{10}，b_{11}，b_{k0}，b_{k1}，这四个参数是 $TAR(1, 1, k)$ 模型的两个外体制（体制1和体制 k）的系数，因而，该模型遍历性的充分必要条件只与两个外体制有关，允许中间体制是单位根过程或者强非平稳过程。

对于 $TAR(p, d, 2)$，$p > 1$，$d > 1$ 时的一般化情形，目前，并没有得到其平稳遍历的充分必要条件。但卡普坦尼尔斯和欣恩（Kapetanios and Shin，2006）认为，当外体制中的自回归模型都是平稳遍历的时候，总体必然是平稳遍历的，也即要求模型（2.10）中的滞后算子多项式 $\phi_i(L) = 1 - \sum_{j=1}^{p} b_{ij}L^j$（$i=1$，2）的根都在单位圆之外。但这个条件只是充分条件并非必要条件，也就是说，这个条件是一个相对比较强的条件。

目前，尚无文献专门讨论 MTAR 模型的平稳遍历性条件，但坎纳尔和汉森（2001）将前文的结论用到了对 MTAR 模型的单位根检验分析中，认为上述结论适用于 MTAR 模型。我们应该注意到，即便在单位根假定下，MTAR 模型的门限变量也是一个平稳过程，而 SETAR 模型中门限变量则在单位根假定下则为非平稳变量。

2.1.3.2　3 体制 TAR 模型的平稳遍历性条件

陈、皮丘西里和汤（1985）给出的关于 $SETAR(1, 1, k)$ 模型具有平稳遍历性的充分必要条件，当 $k=3$ 时，实际上是对 3 体制 $SETAR(1, 1, 3)$ 模型给出了平稳遍历性条件。但是，该文献并未对 $p>1$ 或 $d>1$ 的情形进行扩展研究。

贝克、本萨勒姆和卡拉斯科（Bec, Ben Salem and Carrasco, 2004）对 3 体制 $SETAR(p, d, 3)$，$p \geq 1$，$d \geq 1$ 时的平稳遍历性条件进行了研究。对于按照式（2.5）定义的 3 体制 $SETAR(p, d, 3)$ 模型，贝克、本萨勒姆和卡拉斯科（2004）在假定 2.1 下给出了其平稳遍历性定理 2.2。

假定 2.1：在模型（2.5）中，ε_t 是 $iid(0, \sigma^2)$ 的，其概率密度函数绝对连续且处处为正值，并且 ε_t 独立于初值 X_0。

在这个假定下，可以得到马尔科夫过程 $Y_t = \{X_t, X_{t-1}, \cdots, X_{t-m+1}\}$（$m = \max(p, d)$）几何遍历性的充分条件。为了描述这个充分条件，定义 $m \times m$ 矩阵 W_i（$i=1$，2，3），对于 $m>p$ 时：

$$
W_i = \begin{bmatrix}
b_{i1} & b_{i2} & \cdot & \cdot & b_{ip} & 0 & \cdots & 0 \\
1 & 0 & \cdot & \cdot & 0 & 0 & \cdots & 0 \\
0 & 1 & 0 & & & & & \cdot \\
\cdot & & & & & & & \\
\cdot & & & \cdot & & & & \\
\cdot & & & & \cdot & & & \\
\cdot & & & & & \cdot & 0 & 0 \\
0 & \cdot & & & & 0 & 1 & 0
\end{bmatrix}
$$

当 $m \leq p$ 时：

$$W_i = \begin{bmatrix} b_{i1} & b_{i2} & \cdots & b_{ip-1} & b_{ip} \\ 1 & 0 & \cdots & 0 & 0 \\ 0 & 1 & \cdots & 0 & 0 \\ \cdots & \cdots & \cdots & 0 & \cdots \\ 0 & \cdots & 0 & 1 & 0 \end{bmatrix}$$

由于矩阵 W_i 具有上述特殊形式，因此，其绝对值最大的特征根 $\lambda(W_i)$ 就是特征多项式方程 $1 - b_{i1}L - b_{i2}L^2 - \cdots - b_{ip}L^p = 0$ 中绝对值最小的根。根据霍恩和强森（Horn and Johnson，1985）中的矩阵 Schur 三角分解定理，存在酉矩阵（unitary matrix）U 和上三角矩阵 Δ 满足，如 $W_1 = U\Delta U^{-1}$，矩阵 Δ 的对角元素是根据矩阵 W_1 的特征根，按照其绝对值从大到小依次排序得到。定义如下范数：

$$\|B\|_{M_1} = \|D_t U^{-1} B U D_t^{-1}\|_1 \tag{2.14}$$

在式（2.14）中 $\|.\|_1$ 表示对内置矩阵的每列元素进行求和，并取这些和值中最大的那个值；$D_t = diag(t, t^2, \cdots, t^m)$。在上述定义下，霍恩和强森（1985）证明了结论：对于任意的实数 $\varepsilon > 0$，当 t 取值足够大时，则 $\|W_i\|_{M_1} \leqslant \lambda(W_i) + \varepsilon$ 总是成立的。贝克、本萨勒姆和卡拉斯科（2004）在上述条件下，证明了下面的定理 2.2 成立。

定理 2.2：对于服从模型（2.5）的数据过程 $\{X_t\}$，如果 ε_t 满足假定 1，则总存在有限实值 t，使得式（2.15）、式（2.16）成立：

（1）对于 $d \geqslant p$：

$$\max_{\pi_{1i}, \pi_{2i}} \left\| \prod_{i=1}^{m} W_1^{\pi_{1i}} W_2^{\pi_{2i}} W_3^{1-\pi_{1i}\pi_{2i}} \right\|_{M_1} < 1 ; \tag{2.15}$$

（2）对于 $d < p$：

$$\|W_2^p\|_{M_1} \leqslant 1,$$

$$\max_{\pi_{1i}, \pi_{2i}} \left\| \prod_{i=1}^{m} W_1^{\pi_{1i}} W_2^{\pi_{2i}} W_3^{1-\pi_{1i}\pi_{2i}} \right\|_{M_1} < 1 。 \tag{2.16}$$

在式（2.15）和式（2.16）中，$\pi_{1i} = 0, 1$；$\pi_{2i} = 0, 1$，$\sum \pi_{2i} < m$ 且 $\pi_{1i}\pi_{2i} = 0$。因 $\lambda(Q) \leqslant \|Q\|_{M_1}$，当 $d \geqslant p$ 时，要求 $\lambda(W_1) < 1$，$\lambda(W_3) < 1$，因此，外体制是平稳的，但这个条件并没有对中间体制进行限制。对于 $d < p$ 的情形，式（2.16）对中间体制进行了约束，即中间体制不能是强非平稳过程，但可以是单位根过程。因而，这两个条件与陈、皮丘西里和汤（1985）的条件有类似之处，只是研究的假定条件不太相同。

而对于更一般的多体制 $SETAR(p, d, k)$ 模型（$p \geqslant 2$），其平稳遍历

性条件则尚无研究。对于现实中常用的 2 体制和 3 体制门限模型，本小节的结论已经基本涵括其平稳遍历条件。

2.2　门限效应的检验与估计

在实证研究中，对于一个时间序列类型的经济变量，应该建立线性时间序列模型还是非线性时间序列模型需要使用规范的计量方法来进行检验。同样，对于一个非线性时间序列，是应该建立 SETAR 模型还是 MTAR 模型；应该建立 3 体制还是 2 体制的非线性模型？这些问题都无法直观地甄别，但这些问题可以转化成一个统计学中的假设检验问题进行研究，通过严格的检验方法对 TAR 模型进行识别。关于 TAR 效应的检验，较早前就发展了许多可用的检验方法。如绪论中所述，这些检验方法的原假设一般为建立线性模型，它们可以大致分成两类：一类是混合检验，即没有指定的备择假设模型，主要是检验对线性模型的偏离；另一类检验是针对某些特定的备择假设模型所设计的。本节重点对备择假设为 TAR 模型的这类检验进行讨论，将主要涉及门限效应的检验与估计方法的内容。

TAR 模型的门限效应检验和参数估计是作为一个混合交叉过程同时完成的，所以，本书将这两部分内容作为一个整体进行分析。前文已经提到，非线性 TAR 模型只能而且必须通过正式的检验才能识别其具体形式。但是，关于 TAR 效应的检验会遇到 "Davies" 问题，即因原假设和备择假设中参数不一致而导致原假设下的分布函数中会出现冗余参数（在原假设下统计量的分布函数中存在不可识别参数），致使检验统计量的渐近分布难以得到。因此，现存文献中并没有较多的检验方法。目前，使用最为广泛的两种检验分别为蔡瑞胸（Tsay，1989）的 F 检验，是基于排列自回归原理而提出的；另一个是汉森（1996）基于嵌套模型提出的 $supW_T$ 检验。除此之外，陈和汤家豪（1990）以及陈（1991）提供了一个针对备择假设为 2 体制 SETAR 模型的检验统计量，这个统计量是基于似然比检验原理。汉森（1996）之后，并没有新的检验方法出现。下文将对汉森（1996）和蔡瑞胸（1989）这两个主流的检验方法分别进行说明，首先介绍蔡瑞胸（1989）的检验方法。

2.2.1 Tsay 检验

Tsay 检验方法的基本思路可以概括为：首先，根据信息准则或偏自相关函数确定模型的自回归滞后阶数，再按自回归动态结构对原数据分组；假定滞后参数 d 已知并由此确定了门限变量，按照门限变量的取值 γ_0 对上述分组进行体制区分，比如，分成两个体制（为使叙述简便，假设原序列是 2 体制的 TAR 过程，只存在一个门限值），每个体制的数据样本个数取决于门限值。注意到，在这个数据的排列过程中，数据之间的自回归动态关系保持了不变，但把原序列通过门限变量按门限值进行区分，分成了两个体制（子集空间）。然后，对第一个体制（$z_{t-d} < \gamma_0$）进行回归，如果真实门限值比设定的门限值 γ_0 大，则回归方程的预测误差序列具有渐近白噪声性质。然后，在此基础上，通过调整门限值让第一个体制每次增加一个样本，然后再次进行回归；当设定门限值接近真实门限值并越过真实门限值时，此时第一个体制的数据内部存在非线性转换，预测误差的渐近白噪声性质不再成立；从而检验到门限效应并确定了门限值。

为了更方便地介绍 Tsay 非线性检验方法，用一个 TAR 模型实例进行说明。考虑一个 $TAR(p, d, k)$ 模型：

$$X_t = \sum_{i=1}^{k} \{b_{i0} + b_{i1}X_{t-1} + \cdots + b_{i,p}X_{t-p} + \varepsilon_t\} I(\gamma_{i-1} \leq z_{t-d} < \gamma_i)$$

(2.17)

对于自回归阶数为 p 且长度为 T 的时间序列 $\{X_t\}$，根据自回归模型的动态结构设定 $c_t = \{X_t, X_{t-1}, \cdots, X_{t-p}\}$，从而 $\{c_{p+1}, c_{p+2}, \cdots, c_T\}$ 这 $T-p$ 个数据样本就构成了一个新的数据排序。讨论 $k=2$ 的情形，假定门限变量已由滞后参数 d 所确定，则设定门限值 $\gamma_0 < \gamma$（γ 为真实门限值），其将样本分成两个部分，假定第一部分有 s（$s < s_\gamma$，s_γ 为体制 1 中真实数据个数）个样本 $\{c_{p+1}, c_{p+2}, \cdots, c_{p+s}\}$，则上述模型回归变为：

$$X_t = \begin{cases} b_{10} + b_{11}X_{t-1} + \cdots + b_{1p}X_{t-p} + \varepsilon_t, & i \leq s \, (a) \\ b_{20} + b_{21}X_{t-1} + \cdots + b_{2p}X_{t-p} + \varepsilon_t, & i > s \, (b) \end{cases}$$

(2.18)

此时，可从回归式 (2.18) 中估计式 (a) 得到 $\hat{\beta}_s = (\hat{b}_{10}, \hat{b}_{11}, \cdots, \hat{b}_{1p})'$，令回归因子 $x_t = (1, X_{t-1}, \cdots, X_{t-p})'$，则其预测误差为 $\hat{a}_{t+1} = X_{t+1} - x_t'\hat{\beta}_s$，标准化的预测误差为：

$$\hat{e}_{t+1} = \hat{a}_{t+1}/\sqrt{d_t}$$

(2.19)

其中，$d_t = 1 + x_t P_t x_t'$，$P_t = \left(I - P_{t-1} \dfrac{x_t' x_t}{d_t} \right) P_{t-1}$；在 $\{X_t\}$ 是线性模型的情况下，$\hat{e}_t$ 与回归因子 x_t 是正交的。在上述基础上，再做如下 OLS 回归：

$$\hat{e}_t = \omega_0 + \sum_{i=1}^{p} \omega_i X_{t-i} + \upsilon_t \tag{2.20}$$

根据式（2.19）得到的标准化的预测误差与回归式（2.20）中估计得到的残差 $\hat{\upsilon}_t$ 构造如下检验统计量：

$$\hat{F}(p, d) = \frac{(\sum \hat{e}_t^2 - \sum \hat{\upsilon}_t^2)/(p+1)}{\sum \hat{\varepsilon}_t^2/(n-d-s-p-h)} \tag{2.21}$$

在式（2.21）中，$h = \max(1, p+1-d)$。如果时间序列 $\{X_t\}$ 是线性的，统计量 $\hat{F}(p, d)$ 的值应该很小。蔡瑞胸（1989）证明了在线性模型的原假设下，上述统计量 $\hat{F}(p, d) \xrightarrow{d} F(p+1, n-d-s-p-h)$，符号 $\xrightarrow{d}$ 表示依分布收敛。在实际检验中，还可以用 $(p+1)\hat{F}(p, d) \xrightarrow{d} \chi^2(p+1)$。因此，当 $(p+1)\hat{F}(p, d) > \chi_\alpha(p+1)$ 时，拒绝原假设，即时间序列 $\{X_t\}$ 是具有门限效应的。当数据中存有多个门限时，则逐次找到第一个门限，然后做标记；再以同样的原理依次往后寻找第二个门限，直到搜索到最后一个观测值[①]。

上述分析中，假设滞后参数 d 是已知的，当滞后参数未知时，可以从 $d=1$ 到 $d=p$，逐次使用搜索计算的方法。最后，按照每个 d 下得到的门限值进行 TAR 模型的 OLS 回归，得到模型的残差平方和，取残差平方和最小的滞后参数 d 为最终的选择。

Tsay 非线性检验是一个非参数方法，不涉及"Davies"问题。而 Hansen 检验是参数方法，则需要考虑这个问题。下面对 Hansen 检验方法的原理进行介绍。

2.2.2 Hansen 检验

汉森（1996）讨论了形式为 $y_t = x_t' \alpha + h(z_t, \gamma)' \theta + \varepsilon_t$ 的非线性回归模型，由参数 θ 控制非线性项 $h(z_t, \gamma)$ 是否进入回归模型中。在原假设下，$H_0: \theta = 0$，此时，回归式不包含非线性项，参数 γ 是不可识别的参数。如

---

① 由于这里门限值已经经过重新排序，因此，不需要考虑最后一次回归必须有 $p+1$ 个样本的问题，因为 c_t 已经包含了 p 个数据的动态结构。

果在原假设下对非线性检验统计量的分布函数进行推断，就会出现所谓的"Davies"问题。皮丘西里和戴维斯（1986）以及戴维斯（1987）对该问题进行了较为细致的讨论和研究。安德鲁（Andrews，1993）以及安德鲁和安德鲁和普罗伯格（Andrews and Ploberger，1994）分析研究了时间序列的结构突变检验问题。他们在对检验统计量的分布函数进行研究时也遇到"Davies"问题，提出了使用综合统计量的方法来解决这个难题，这一点本书在绪论中已经提到。而汉森（1996）则用一个局部近似原假设，再结合综合统计量的方法解决了"Davies"问题，并构建了一个 p 值函数，提出了用 Monte Carlo 模拟的方法计算统计量的渐近分布和 p 值函数的值，从而获取检验统计量的实际检验 p 值。

汉森（1996）考虑了如下模型：

$$y_t = x_t(\gamma)'\beta + \varepsilon_t \tag{2.22}$$

其中，$x_t(\gamma) = (x_{1t}',\ h_t(\gamma)')'$，$\beta = (\beta_1',\ \beta_2')'$。检验的核心问题是 $\beta_2 = 0$ 是否成立。为了能够让检验统计量的分布函数推导过程在 H_0 和 H_1 下都能用统一的参数进行描述，Hansen 用局部近似原假设（Local to Null）$\beta_2 = c/\sqrt{T}$ 进行二次参数化，原假设 H_0：$c = 0$，被择假设为 H_1：$c \neq 0$。

在原假设 H_0 下，模型（2.22）变成了 $y_t = x_{1t}\beta_1 + \varepsilon_t$。此时，$\hat{\beta}_1 = \left(\sum\limits_{t=1}^{T} x_{1t}x_{1t}' \right)^{-1} \left(\sum\limits_{t=1}^{T} x_{1t}y_t \right)$，$\hat{\sigma}_T^2 = \sum\limits_{t=1}^{T} (y_t - x_{1t}'\beta_1)^2/T - k_1$。

而在 H_1 下，如果 γ 已知，则 $\hat{\beta}(\gamma) = \left(\sum\limits_{t=1}^{T} x_t(\gamma)x_t'(\gamma) \right)^{-1} \left(\sum\limits_{t=1}^{T} x_t(\gamma)y_t \right)$，模型残差为 $\varepsilon_t(\gamma) = y_t - x_t'(\gamma)\hat{\beta}_1(\gamma)$，则样本方差为 $\hat{\sigma}_T^2(\gamma) = \sum\limits_{t=1}^{T} \varepsilon_t(\gamma)/(T - k)$，此时，检验 H_0 的稳健异方差型 $Wald$ 检验式为 $W_T(\gamma) = T\hat{\beta}_1(\gamma)'R(R'\hat{V}(\gamma)R)^{-1}R'\hat{\beta}_1(\gamma)$，$R$ 为元素选择矩阵，$R'\hat{\beta}_1(\gamma) = (0,\ \hat{\beta}_2)'$，$\hat{V}(\gamma)$ 为估计参数的 $\hat{\beta}(\gamma)$ 的方差协方差矩阵。因而，当 γ 已知的时候，$W_T(\gamma)$ 检验统计量的渐近分布为 χ^2 分布。

在 H_1 下，当 γ 未知时，检验统计量与 γ 取值范围 Γ 密切相关。戴维斯（1987）以及安德鲁和安德鲁和普罗伯格（1994）提出了综合统计量（包括 averge、exponetial average 和 supremum）的概念，即用 $\sup W_T = \sup_{\gamma \in \Gamma} W_T(\gamma)$、$aveW_T = \int_\Gamma W_T(\gamma)dr(\gamma)$ 或 $\exp W_T = \ln\left(\int_\Gamma \exp(0.5W_T(\gamma)) \right) dr(\gamma)$ 来检验 H_0，这些统计量都是 $W_T(\gamma)$ 的单调函数，可将这些单调函数记为

$g(\cdot)$。为了说明汉森（1996）的结论，分别定义两个零均值的高斯过程 $s_T(\gamma) = (1/\sqrt{T}) \sum_{t=1}^{T} x_t(\gamma)\varepsilon_t$ 和 $\bar{s}(\gamma) = R'M(\gamma, \gamma)^{-1}s(\gamma)$，其中，$M(\gamma_1, \gamma_2) = \frac{1}{T}\sum_{t=1}^{T} x_t(\gamma_1)x_t'(\gamma_2)$，$\bar{K}$ 为 $\bar{s}(\gamma)$ 的方差协方差核函数矩阵，$\bar{Q} = R' M(\gamma, \gamma)^{-1}M(\gamma, \gamma_0)R$，$\gamma_0$ 为参数 γ 真实值。汉森证明了在典型的一般假定条件下，下述结论成立：

$$s_T(\gamma) \xrightarrow{d} s(\gamma)$$
$$W_T(\gamma) \xrightarrow{d} W^c(\gamma) \qquad (2.23)$$
$$g^T \xrightarrow{d} g^c = g(W^c(\gamma))$$

其中，$W^c(\gamma) = (\bar{s}(\gamma)' + c'\bar{Q}')\bar{K}^{-1}(\bar{s}(\gamma) + \bar{Q}c)$。上述结论是在被择假设 H_1 下推导得到的，当取 $c=0$ 时，即可以得到原假设 H_0 下的渐近分布函数结论，因此，原假设下检验统计量 $W^0(\gamma) = \bar{s}(\gamma)'\bar{K}^{-1}\bar{s}(\gamma)$。利用综合统计量的概念，$g^0 = g(W^0(\gamma))$ 与冗余参数 γ 无关，但其分布还取决于方差协方差核函数 $\bar{K}$，因此，无法给出标准的临界值表。记 p 值转换函数 $\hat{p}_T = 1 - \hat{F}_T(g_T)$，$F(\cdot)$ 是 g_T 的条件分布函数，汉森（1996）证明了 $\hat{p}_T \xrightarrow{d} p^c$，且在原假设下 p^0 是 $[0, 1]$ 上的均匀分布。

在上述分析中，门限自回归形式的非线性是其中一种类型，此时，式 (2.22) 中非线性项的表达式为 $h_t(\gamma) = I(z_{t-d} \leqslant \gamma)x_{1t}$，$x_{1t}$ 为 y_t 的滞后序列集；参数 γ 为门限值，γ 的取值范围 Γ 为 $[\gamma_L, \gamma_U]$。当 z_{t-d} 取 y_{t-d} 时，是 SETAR 模型；当 z_{t-d} 取 Δy_{t-d} 时，是 MTAR 模型。汉森（1996）以 2 体制的 SETAR 模型 (2.3) ($i=j$) 为例，讨论了门限效应的检验问题。在模型 (2.3) 满足下列条件的前提下，

（a）在模型 (2.3) 中，特征方程 $1 - \sum b_{1i}L^i = 0$ 和 $1 - \sum b_{2j}L^j = 0$ 的特征根在单位圆之外；

（b）在模型 (2.3) 中，$E|\varepsilon_t|^{4r} < \infty$，对于某些 $r > 1$ 成立；

（c）ε_t 的密度函数连续且有界。

汉森证明了当 H_0 成立时，p 值转换函数收敛到均匀分布 $U(0, 1)$：

$$\hat{p}_T \xrightarrow{d} p^0 \sim U(0, 1) \qquad (2.24)$$

汉森（1996）还给出了一个在实际应用中获取上述检验统计量渐近分布和检验 p 值的 Monte Carlo 模拟计算方法，其基本步骤为：

第一步，估计模型（2.22），得到 $\hat{s}_t(\gamma) = x_t(\gamma)\hat{\varepsilon}_t(\gamma)$ 序列；

第二步，生成独立同分布的标准高斯过程随机数序列 $\{v_{tj}\}_{t=1}^{T}$；

第三步，令第二个高斯随机过程 $S_T^j(\gamma) = (1/\sqrt{T})\sum_{t=1}^{T}\hat{s}_t(\gamma)v_{tj}$；

第四步，计算检验统计量 $W_T^j(\gamma) = S_T^j(\gamma)'M_T(\gamma,\gamma)^{-1}R\,(R'\hat{V}(\gamma)R)^{-1}R'M_T(\gamma,\gamma)^{-1}S_T^j(\gamma)$；

第五步，选择一个综合检验统计量 $g(W_T^j(\gamma))$ 以克服"Davies"问题。

重复上述步骤 J 次，得到 J 个综合检验统计量的值（g_T^1, g_T^2, …, g_T^J），计算 p 值转换函数值 $\hat{p}_T^j = (1/J)\sum_{j=1}^{T}\{g_T^j \geqslant g_T\}$，$g_T$ 为式（2.21）中的真实统计量值，即可得到真实的检验 p 值。

汉森（1999）在汉森（1996）的基础上进行了进一步拓展。汉森（1999）考虑了多个门限效应识别的问题。该文献考虑了模型（2.1）中 $p_1 = p_2 = \cdots = p_k = p$ 时的情形，并要求模型残差为独立同分布的鞅差分序列：

$$E(e_t \mid \aleph_{t-1}) = 0 \qquad (2.25)$$

$\aleph_{t-1}$ 为 $t-1$ 期的全部信息集，且 $\sigma^2 = Ee_t^2 < \infty$；延迟参数的取值上限为 $\bar{d} = p$。记 $\hat{e}_k$ 为模型的估计残差，$S_k = \hat{e}_k'\hat{e}_k$。汉森（1999）认为，如果采用非线性模型拟合的效果比采用线性模型拟合的效果要好，则认为应该建立非线性模型。评价拟合效果的标准是比较模型残差平方和，用模型残差平方和，汉森（1999）构建了如下 LR 检验统计量：

$$F_{ji} = T\left(\frac{S_j - S_i}{S_i}\right), \quad i > j \qquad (2.26)$$

用该统计量来检验 i 体制的 SETAR 模型是否优于 j 体制的 SETAR 模型，当 F_{ji} 的值大于临界值时，表示拒绝原假设 H_0（建立 i 体制的 SETAR 模型），应该建立 j 体制的 SETAR 模型。汉森证明了在数据为弱平稳并且满足一般典型假定条件时，在固定的（γ, d）下，上述 LR 检验统计量收敛到下述 $Wald$ 形式的检验统计量：

$$F_{ji}(\gamma, d) \xrightarrow{d} W(\gamma, d) \qquad (2.27)$$

其渐近分布为 χ^2 分布。其中，$W(\gamma, d) = G(\gamma, d)'M(\gamma, d)^{-1}G(\gamma, d)$，$G(\gamma, d)$ 是一类零均值的高斯过程，$M(\gamma, d)$ 是对其方差协方差矩阵进行加权后得到的加权方差协方差矩阵。同样，该 LR 检验统计量无法用标准分布的百分位列表方式来确定其临界值，该分布依赖于数据过程。因此，必须针对具体的数据单独模拟计算其临界值。

记 $S_j - S_i = f_{ji}$，则式（2.25）可以写成 $F_{ji} = T\left(\dfrac{f_{ji}}{S_j - f_{ji}}\right)$，$F_{ji}$ 是 f_{ji} 的增函数。根据白聚山（1997）以及白聚山和皮隆（1998）的结论，第 i 个门限值的确定是以第 j 个已搜索到的门限值为条件，再次进行搜索。这样即可得到一个与真实门限值一致的门限估计量，无须在空间 $\gamma_i \times \cdots \gamma_1 \times d$ 上重新搜索。因 $i > j$，当计算 S_i 时，S_j 一般已经确知，因此，估计得到的参数 $(\hat{\gamma},\ \hat{d})$ 最小化 S_i 即表示最大化 f_{ji}，也即最大化 F_{ji}。对于未知 $(\gamma,\ d)$，则采用格点搜索的方法，在 $\gamma \times d$ 可行区域搜索得到最大值 $F_{ji} = \max_{\Gamma = (\gamma \times d)} F_{ji}((\gamma,\ d))$。

汉森（1999）和汉森（1996）共同构成了 Hansen 非线性特征检验，目前在实证研究中得到了较为广泛的推广使用。

2.2.3　Chan 估计方法及扩展

在 2.2.2 节中，讨论了门限效应的检验方法，在这些检验方法中涉及了对 TAR 模型的估计。对于具体的估计方法在 2.2.2 节并未进行探讨。在 TAR 模型被识别以后，模型（2.1）所示的 TAR 模型的参数估计主要包括各个体制中的回归系数 b_{ij}、门限值 γ 和滞后参数 d 以及误差项方差 σ_i。

本小节主要对陈（1993）的 TAR 模型估计方法进行介绍，并将之扩展到极大似然估计法。设 X_1，X_2，$\cdots$，X_T 是模型（2.1）的观测值，在给定 k 值的情况下，基于这些观测值，确定体制 $\{A_i\}$ 和滞后阶数 p_i，对模型参数 b_{ij}，σ_i，d 进行估计。

首先，可以假定体制 $\{A_i\}$ 和滞后阶数 p_i 是已知的。为了简化符号标记，再假定 $d \leqslant p = \max_{1 \leqslant i \leqslant k} p_i$。将自回归系数 $\boldsymbol{b}_i \equiv (b_{i0},\ b_{i1},\ \cdots,\ b_{i,p_i})'$，$i = 1$，$\cdots$，$k$，的最小二乘估计记为 $\hat{\boldsymbol{b}}_i$，则参数估计量 $\hat{\boldsymbol{b}}_1$，$\cdots$，$\hat{\boldsymbol{b}}_k$ 和 $\hat{d}$ 是通过式（2.28）对 b_{ij} 所有可能实数值和整数值 $1 \leqslant d \leqslant p$ 取极小值而得到的。

$$\sum_{\substack{p < i \leqslant T \\ 1 \leqslant i \leqslant k}} \{X_t - (b_{i0} + b_{i1}X_{t-1} + \cdots + b_{i,p_i}X_{t-p_i})\}^2 I(X_{t-d} \in A_i),\ X_{t-d} \in A$$

$$(2.28)$$

根据陈（1993），对式（2.28）求极小值的过程可以分作两个步骤进行。首先，将滞后参数 d 固定，由于体制个数 k 和滞后阶数 p_i 是已知的，对于一个固定的滞后参数 d 通过最小化式（2.28），得到各个自回归系数

的估计值 $\tilde{\boldsymbol{b}}_1$，…，$\tilde{\boldsymbol{b}}_k$，得到模型的残差平方和估计值。其次，对于每一个滞后参数 d，对估计得到的残差平方和进行比较，选取使得残差平方和最小的 $\hat{d}$ 让式（2.28）的值达到最小，得到最终的系数估计值 $\hat{\boldsymbol{b}}_1$，…，$\hat{\boldsymbol{b}}_k$。在上述估计过程中，一般采用普通最小二乘法（OLS）估计得到式（2.28）的极小值。尽管在模型线性化之后，估计结果可以精确地估计得到，但是因为是非线性模型转化为线性模型后的估计方法，因此，估计结果 $\hat{\boldsymbol{b}}_i(d)$ 未必具有线性回归模型下普通最小二乘法估计量的基本性质。如前所述，不同的 d 都有一个极小值，如果出现存在多个最小值的情况，实际中应选取滞后参数最小的 d 作为最终估计结果。

为了确定自回归阶数 p_i 的值，一般可以使用线性模型的 AIC 或 BIC 准则进行判断。范剑青和姚琦伟（2005）提到了一个广义的 AIC 准则。记最小二乘法得到的估计值为 $\hat{A}_i$，$\hat{\boldsymbol{b}}_i$ 和 $\hat{d}$，并记 $\hat{\sigma}_i^2(p_i)$ 为：

$$\hat{\sigma}_i^2(p_i) = \frac{1}{T_i} \sum_{p < t \leqslant T} \{X_t - (\hat{b}_{i0} + \hat{b}_{i1} X_{t-1} + \cdots + \hat{b}_{i,p_i} X_{t-p_i})\}^2 I(X_{t-\hat{d}} \in \hat{A}_i), X_{t-\hat{d}} \in A$$

范剑青和姚琦伟（2005）定义广义的 AIC 准则如下：

$$\text{AIC}(\{p_i\}) = \sum_{i=1}^{k} \left[T_i \log\{\hat{\sigma}_i^2(p_i)\} + 2(p_i + 1) \right] \tag{2.29}$$

选择 $\{p_i\}$ 使得各个体制相应的 AIC 值达到最小。在上述关于 p_i 求和的表达式中，还反映了对体制分割数 k 的惩罚，这也遵循了计量经济学提倡建模简洁化的基本思想。

如果将方差 σ_i^2 的估计值记为：

$$\hat{\sigma}_i^2 = \frac{1}{T_i} \sum_{p < t \leqslant T} \{X_t - (b_{i0} + b_{i1} X_{t-1} + \cdots + b_{i,p_i} X_{t-p_i})\}^2 I(X_{t-d} \in A_i), X_{t-d} \in A$$

$$\tag{2.30}$$

其中，T_i 表示各个体制 $\{A_i\}$ 中的样本个数，$X_{t-\hat{d}} \in A_i$，$i = 1$，…，k。

如果假设模型残差 ε_t 是正态分布，循着 Chan 估计方法的基本思想，则对参数 $\boldsymbol{b}_i$，σ_i 和 d 的估计也可扩展到使用极大似然估计法。模型（2.1）的条件极大似然估计可以通过最大化下式得到：

$$-\frac{1}{2} \sum_{i=1}^{k} \sum_{p < t \leqslant T} \{X_t - (b_{i0} + b_{i1} X_{t-1} + \cdots + b_{i,p_i} X_{t-p_i})\}^2$$

$$I(X_{t-d} \in A_i)/\sigma_i^2 - \frac{1}{2} \sum_{i=1}^{k} T_i \log \sigma_i \tag{2.31}$$

上述估计方法都是在假定体制分割 $\{A_i\}$ 已经确知的情况下进行的。但是，通常情况下，各个体制的体制分割 $\{A_i\}$ 在实际问题的研究中往往不是预先知道的，需要假定其具体形式如式（2.3）或式（2.4），即 $A_i = (\gamma_{i-1}, \gamma_i]$，其中 $-\infty = \gamma_0 < \gamma_1 < \cdots < \gamma_k = \infty$。对于给定的一个体制分割集 $\{A_i\}$，若将式（2.28）的最小值记为 $MIN(\{A_i\})$，则可按照下述方式采用格点搜索的方法来确定各个体制的样本：现需要找到体制 $\{A_i\} i = 1, \cdots, k$ 的一个具体分割，使得 $MIN(\{\hat{A}_i\})$ 的值为最小；例如，假定为 2 体制的 TAR 模型，此时 $k = 2$。2 体制模型只需找到一个最优门限值 γ_1 即可，d 固定时，门限变量已经确定，体制 $\{A_i\}$ 的分割由门限值 γ_1 决定，γ_1 可通过在一个舍去两个末端各 15% 样本量的中间 70% 样本范围内进行搜寻。在搜寻过程中，对门限变量的每一个可能取值用 OLS 估计 TAR 模型，计算式（2.28）的值。使得式（2.28）取值最小的那个门限值就是 γ_1。在实际中，k 的值一般取 2 或 3，门限 γ_i 在样本范围的某个内点处用搜索得到。

2.2.4 估计参数的统计推断

为了分析 TAR 模型估计参数的渐近统计推断性质，首先，须假定由模型（2.1）生成的 $\{X_t\}$ 是一个平稳遍历的过程，并且其具有有限的二阶矩。在上述条件下，对于模型（2.1）在给定的体制分割 $\{A_i\}$ 和滞后参数 d 时，能证明 b_i 的 OLS 估计的收敛阶数是 $\sqrt{T}$，且是渐近正态的。

在实际研究中，体制个数 $\{A_i\}$、滞后参数 d 和门限值 γ 都是未知的，需要对这些参数进行估计。这种情况下，估计参数的渐近性质更为复杂，这与回归函数是否连续有直接关系。陈（1993）指出，当回归函数不连续时，门限值的估计量将以速度 T^{-1} 收敛（不同于普通 OLS 估计量的速度 $T^{-1/2}$）。陈（1993）在严格的数学证明下，得到了定理 2.3 和定理 2.4，该定理给出了 TAR 模型估计参数的统计推断性质。

定理 2.3：$\{X_t\}$ 的数据生成过程为模型（2.3），满足 $p_1 = p_2 = p$，且是一个严平稳遍历过程，具其二阶矩为有限实值。并假定其联合概率密度函数 $f_{X_1, \cdots, X_p}(X_1, \cdots, X_p)$ 的取值处处为正，则模型（2.3）的所有 OLS 估计量 $\hat{b}_1$，$\hat{b}_2$，$\hat{\sigma}_1^2$，$\hat{\sigma}_2^2$，$\hat{\gamma}$ 和 $\hat{d}$ 都是强一致的（strongly consistent）。

定理 2.3 表明，在大样本下，上述参数的 OLS 估计量几乎都处处收敛到真值。而定理 2.4 则给出了大样本下，估计量 $\sqrt{T_i}(\hat{b}_i - b_i)$ 的渐近分布以及各估计量的收敛阶数等结论。

定理 2.4：在定理 2.3 的假定基础上，再做以下假定：

（a）样本序列组合而成的 Markov 链 $X_t = (X_t, X_{t-1}, \cdots, X_{t-p+1})^\tau$ 是几何遍历的；

（b）随机误差项 ε_t 的概率密度函数取值处为正且是一致连续的，使得条件 $E(\varepsilon_t^4 + X_t^4) < \infty$ 成立；

（c）自回归函数具有不连续性，即存在实值向量 $z = (1, z_{p-1}, z_{p-2}, \cdots, z_0)^\tau$，其中，$z_{p-d} = \gamma$，满足 $z^\tau(b_1 - b_2) \neq 0$。

满足上述三个条件，则 $T(\hat{\gamma} - \gamma) = O_p(1)$，并收敛到一个复合泊松过程泛函取最小值时的随机变量；且随机变量 $(\hat{\gamma} - \gamma)$ 和 $(\hat{b}_1 - b_1, \hat{b}_2 - b_2)$ 是渐近独立的；并且 $\sqrt{T_i}(\hat{b}_i - b_i)$ 是渐近收敛到均值为 0，方差为 $\sigma_i^2 W_i^{-1}, i = 1, 2$ 的多元正态分布，即：

$$T_i^{1/2}\{\hat{b}_i(d) - b_i\} \xrightarrow{D} N(0, \sigma_i^2 W_i^{-1}) \tag{2.32}$$

其中：

$$W_i = \begin{pmatrix} 1 & \mu \mathbf{1}^\tau \\ \mu \mathbf{1} & E(\xi_i \xi_i^\tau) \end{pmatrix}, \quad \xi_i = (\xi_i, \cdots, \xi_{p_i})^\tau,$$

向量 $\mathbf{1}$ 是 $p_i \times 1$ 的，其所有元素都为 1，$\mu = E\xi_i$，且：

$$\xi_t = b_{i0} + b_{i1}\xi_{t-1} + \cdots + b_{i,p_i}\xi_{t-p_i} + e_t, \quad \{e_t\} \sim iidN(0, 1).$$

上面两个定理充分说明陈（1993）的方法能保证所有 TAR 模型参数的 OLS 估计量是一致估计量，但是，各个估计量的收敛阶数不相同。在研究中，人们通常比较关心门限值、滞后参数和自回归估计系数的置信区间。上述定理已经得到了 TAR 的自回归系数估计的渐近分布，因此，在大样本情况下可以对自回归系数进行参数的显著性检验，如 t 检验和 F 检验等。但是门限值、滞后参数并未得到其渐近分布，只可以得到大样本下其收敛到真实值的结论。

2.3 SETAR 与 MTAR 建模的比较

本节对 SETAR 模型与 MTAR 模型的特征进行比较。为了更好地认识这两类模型的区别与联系，将从四个方面分别进行说明。首先，从直观特征进行比较，观察两种不同数据生成过程所产生序列的序列图以及自相关图；其次，对 SETAR 与 MTAR 过程的样本矩进行比较，分析样本矩的统计性质；再次，对两个模型的经济含义进行比较；最后，对 SETAR 与

MTAR 建模出现错误识别与设定进行分析。

2.3.1 直观特征比较

为了从直观特征上对 SETAR 与 MTAR 过程进行比较，本书选取了两个 AR 过程与之进行对比。在 SETAR 模型和 MTAR 模型中，又分别做了不同设定，以对比体制分割以及自回归系数对数据过程的影响。进行比较的两个 AR 过程的分别是：

$$[1]\ AR1：X_t = 0.8X_{t-1} + \varepsilon_t$$

$$[2]\ AR2：X_t = -0.2X_{t-1} + \varepsilon_t$$

SETAR 与 MTAR 这两类门限自回归模型则采用了上述两个 AR 过程的组合，结合体制分割的不同，共有以下四个门限自回归数据过程进行对比：

$$[3]\ SETAR1：X_t = 0.8X_{t-1}I_{\{X_{t-1}>0\}} - 0.2X_{t-1}I_{\{X_{t-1}\leq0\}} + \varepsilon_t$$

$$[4]\ MTAR1：X_t = 0.8X_{t-1}I_{\{\Delta X_{t-1}>0\}} - 0.2X_{t-1}I_{\{\Delta X_{t-1}\leq0\}} + \varepsilon_t$$

$$[5]\ SETAR2：X_t = -0.2X_{t-1}I_{\{X_{t-1}>0\}} + 0.8X_{t-1}I_{\{X_{t-1}\leq0\}} + \varepsilon_t$$

$$[6]\ MTAR2：X_t = -0.2X_{t-1}I_{\{\Delta X_{t-1}>0\}} + 0.8X_{t-1}I_{\{\Delta X_{t-1}\leq0\}} + \varepsilon_t$$

从图 2.1 可以看到，数据的体制分割不同对数据生成过程有非常大的影响。由于都是零均值过程，AR 过程的正自相关和负自相关表现在图中分别是数据序列缓慢低频地穿越零均值线和快速高频地穿越零均值线；且数据序列较为均匀对称地分布在零均值线的上下区域中。对于 $SETAR1$ 过程，由于是当 $X_{t-1}>0$ 时，自回归系数为正，当 $X_{t-1}\leq0$ 时，自回归系数为负，因此，数据有较为明显地停留在零均值上方的趋势，序列图中也反映出了这一特点；对于 $SETAR2$ 过程，则恰好相反，因此，数据更倾向于停留在零均值的下方区域。$MTAR$ 过程的门限变量是数据过程的差分序列，当 $\Delta X_{t-1}>0$ 时，$MTAR1$ 过程的自回归系数是 $0.8>0$，当 $\Delta X_{t-1}\leq0$ 时，自回归系数是 $-0.2<0$，在上述组合下符合 $\Delta X_{t-1}\leq0$ 的情况会比较多，因此，$MTAR1$ 过程会比 $SETAR1$ 过程表现出更多的趋势折返情形，即出现更多的尖点；当 $\Delta X_{t-1}>0$ 时，$MTAR2$ 过程的自回归系数是 $-0.2<0$，当 $\Delta X_{t-1}\leq0$ 时，自回归系数是 $0.8>0$，这种组合下，$\Delta X_{t-1}>0$ 的情况会比较多，因而，也会出现更多的趋势折返现象，尖点较多。

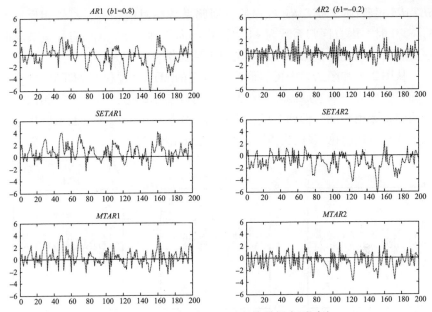

图 2.1　*TAR* 过程与 *AR* 过程的时间序列对比

　　为了研究自回归系数对 SETAR 与 MTAR 过程的影响，本书还进行了下述比较分析。下述 *SETAR*3、*MTAR*3 过程、*SETAR*4、*MTAR*4 过程和 *SETAR*5、*MTAR*5 过程与 *SETAR*1、*MTAR*1 过程的区别在于自回归系数的取值大小和正负符号不相同，以便分析自回归系数对数据过程特征的影响：

　　［7］*SETAR*3：$X_t = 0.3X_{t-1}I_{\{X_{t-1}>0\}} + 0.7X_{t-1}I_{\{X_{t-1}\leq 0\}} + \varepsilon_t$

　　［8］*MTAR*3：$X_t = 0.3X_{t-1}I_{\{\Delta X_{t-1}>0\}} + 0.7X_{t-1}I_{\{\Delta X_{t-1}\leq 0\}} + \varepsilon_t$

　　［9］*SETAR*4：$X_t = 0.7X_{t-1}I_{\{X_{t-1}>0\}} + 0.3X_{t-1}I_{\{X_{t-1}\leq 0\}} + \varepsilon_t$

　　［10］*MTAR*4：$X_t = 0.7X_{t-1}I_{\{\Delta X_{t-1}>0\}} + 0.3X_{t-1}I_{\{\Delta X_{t-1}\leq 0\}} + \varepsilon_t$

　　［11］*SETAR*5：$X_t = -0.8X_{t-1}I_{\{X_{t-1}>0\}} + 0.2X_{t-1}I_{\{X_{t-1}\leq 0\}} + \varepsilon_t$

　　［12］*MTAR*5：$X_t = -0.8X_{t-1}I_{\{\Delta X_{t-1}>0\}} + 0.2X_{t-1}I_{\{\Delta X_{t-1}\leq 0\}} + \varepsilon_t$

　　当 $X_{t-1}>0$ 时，*SETAR*3 的自回归系数为 $0.3>0$，而 *SETAR*4 的自回归系数为 $0.7>0$；当 $X_{t-1}\leq 0$ 时，两者的自回归系数取值则反过来。在图 2.2 中，对比 *SETAR*3 和 *SETAR*4 的不同之处，可以看到，*SETAR*3 过程的数据在零轴以下的比例更多（自回归系数为 0.7 的体制中数据占比更大），而 *SETAR*4 过程的数据在零轴以上的比例更多。可见，两个自回归系数符号同为正时，在这种情况下，数据分布更多的由较大的自回归系数决定。

SETAR5 过程则与 *SETAR1* 过程的自回归系数绝对值相等，符号相反；当 $X_{t-1} > 0$ 时，因自回归系数为 -0.8，X_t 趋向零轴以下，X_{t+1} 将在负的方向往 0 趋近，因此，数据序列在零轴以下的比例将比较大。

从图 2.1 和图 2.2 中可以看到，对应的 MTAR 过程与 SETAR 过程的变动趋势较为一致。原因在于数据生成过程使用的随机数 $\{\varepsilon_t\}$ 相同，且自回归系数也相同。但两个模型之间门限变量的不同，导致了 MTAR 过程比 SETAR 过程有更多的尖点（趋势折返点比较多）。

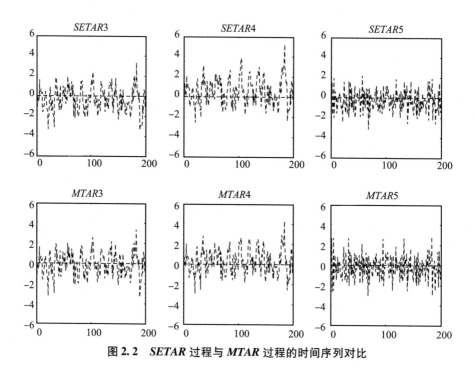

图 2.2 *SETAR* 过程与 *MTAR* 过程的时间序列对比

图 2.3 和图 2.4 是上述过程的自相关图。SETAR 过程表现出比 MTAR 过程更类似于线性 AR 过程的自相关函数图。但总体而言，并无规律可循。

可见，对于非线性的 SETAR 和 MTAR 过程，如果用线性模型的自相关函数进行判断其自回归结构并不准确，容易出现错误。

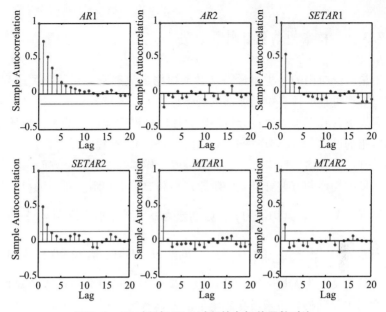

图 2.3 AR 过程与 TAR 过程的自相关函数对比

注：Sample Autocorrelation. 是指样本自相关函数值。

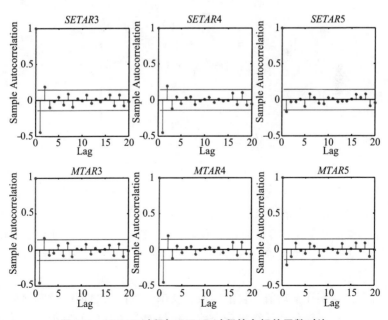

图 2.4 SETAR 过程与 MTAR 过程的自相关函数对比

注：Sample Autocorrelation 是指样本自相关函数值。

2.3.2 样本矩的统计性质比较

矩是广泛应用的一类统计特征数。根据极值理论，在弱相关序列中，协方差平稳过程的样本矩函数都依概率收敛于总体矩。在本书模型的总体平稳假设下，我们可以通过分析门限自回归过程的样本矩的统计性质来获悉总体矩的性质。本小节对 SETAR 过程和 MTAR 过程的样本矩进行分析，主要考察样本均值、样本方差、样本偏度、样本峰度等几个方面。

常见的均值和方差分别是一阶原点矩和二阶中心距。对于随机过程的一次实现 $\{X_t\}$，若其均值为 μ，标准差为 σ，则样本均值 $\hat{\mu} = \frac{1}{T} \sum_t X_t$，样本方差 $\hat{\sigma}^2 = \frac{1}{T-1} \sum_t (X_t - \bar{X})^2$。偏度 M_s 和峰度 M_k 分别用 3 阶矩和 4 阶矩进行定义，为无量纲统计特征数。偏度刻画概率分布函数的对称性，而峰度则主要反映分布函数在其尾部的厚薄程度。当 $M_s = 0$ 时，则 $\{X_t\}$ 的概率分布函数左右对称。当 $M_s > 0$ 时，概率分布函数偏向均值的右侧，反之，则偏向左侧。样本偏度 $\hat{M}_s$ 定义为：

$$\hat{M}_s = \frac{\hat{\mu}_3}{\hat{\sigma}^3} = \frac{\frac{1}{T} \sum_t (X_t - \bar{X})^3}{\left(\frac{1}{T-1} \sum_t (X_t - \bar{X})^2 \right)^{\frac{3}{2}}}$$

样本峰度 $\hat{M}_k$ 定义为：

$$\hat{M}_k = \frac{\hat{\mu}_4}{\hat{\sigma}^4} = \frac{\frac{1}{T} \sum_t (X_t - \bar{X})^4}{\left(\frac{1}{T-1} \sum_t (X_t - \bar{X}^2) \right)^2}$$

正态分布的峰度值为 3。如果一个分布的两侧尾部比正态分布的两侧尾部"厚"，则该分布的峰度值 $\hat{M}_k > 3$，反之，则 $\hat{M}_k < 3$。

本书模拟设定样本容量为四个不同水平，$T = \{100, 500, 1000, 5000\}$。在各样本容量下，模拟循环 5000 次，得到各个样本矩在不同样本容量下的分布情况。

首先，观察样本均值。目前尚没有文献讨论门限自回归时间序列的总体矩，也没有一般化的计算推导公式。但针对一个具体的过程，总体矩存在计算规律。例如，对于本书考虑的 SETAR3 过程，数据在零轴上下取值概率应该与两个指数函数的自相关系数成正比：

$$E(X_t) = E(0.3X_{t-1}I_{\{X_{t-1}>0\}}) + E(0.7X_{t-1}I_{\{X_{t-1}\leq0\}}) + E(\varepsilon_t)$$
$$= 0.3 \times P(I_{\{X_{t-1}>0\}}) \times \sigma + 0.7 \times P(I_{\{X_{t-1}\leq0\}}) \times (-\sigma)$$
$$= 0.3 \times 0.3 \times 1 - 0.7 \times 0.7 \times (-1) = -0.4 \qquad (2.33)$$

而对于 MTAR 过程，则因其指示函数为差分量，当样本量很大时，数据在零轴上下取值概率应该相等，例如，对于 *MTAR3* 过程：

$$E(X_t) = E(0.3X_{t-1}I_{\{\Delta X_{t-1}>0\}}) + E(0.7X_{t-1}I_{\{\Delta X_{t-1}\leq0\}}) + E(\varepsilon_t)$$
$$= 0.3 \times P(I_{\{X_{t-1}>0\}}) \times \sigma - 0.7 \times P(I_{\{X_{t-1}\leq0\}}) \times (-\sigma)$$
$$= 0.3 \times 0.5 \times 1 - 0.7 \times 0.5 \times (-1) = -0.2 \qquad (2.34)$$

从模拟结果看，随着样本的增大，各过程的均值都稳定地收敛到总体真值。SETAR 过程与 MTAR 过程的样本均值核密度图如图 2.5 所示。

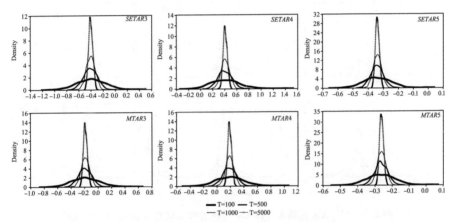

图 2.5　SETAR 过程与 MTAR 过程的样本均值核密度（Density）

而对于样本方差、样本偏度和样本峰度，本书尚未发现其总体矩的计算规律。但从图 2.6、图 2.7 以及图 2.8 的模拟结果可以看到，对于一个具体的 SETAR 过程与 MTAR 过程，其二阶矩、三阶矩和四阶矩都随着样本增大而稳定收敛。

两类 TAR 模型在平稳条件下，样本矩函数都稳定地收敛到其总体矩，对于相同的模型系数，由于门限变量不同，其样本矩收敛到了不同总体矩。例如，对于 *SETAR5* 和 *MTAR5* 过程，模拟结果显示，两者样本均值的分布函数的均值分别是 -0.34 和 -0.26；两者样本方差的分布函数的均值分别是 1.13 和 1.31；两者样本偏度的分布函数的均值分别是 -0.078 和 -0.043；两者样本峰度的分布函数的均值分别是 3.07 和 3.14。

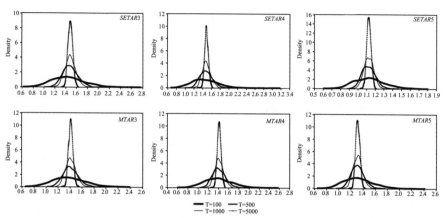

图 2.6 SETAR 过程与 MTAR 过程的样本方差核密度（Density）

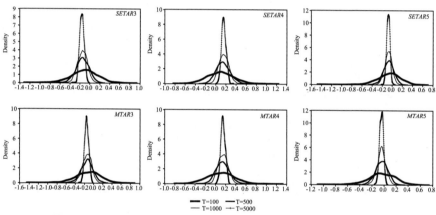

图 2.7 SETAR 过程与 MTAR 过程的样本偏度核密度（Density）

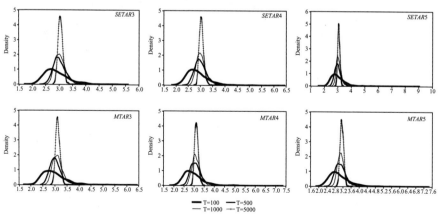

图 2.8 SETAR 过程与 MTAR 过程的样本峰度核密度（Density）

图 2.9 和图 2.10 考虑了样本随机误差的方差 σ_ε^2 对 SETAR 过程与 MTAR 过程样本矩的影响，以 *SETAR*3 和 *MTAR*3 过程为例进行说明，模拟样本容量为 $T = 1000$，模拟循环次数为 5000 次。

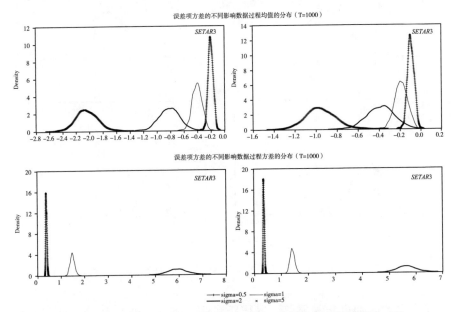

图 2.9　误差方差对 SETAR 过程与 MTAR 过程的样本矩的影响（1）

从图 2.9 可看到，随着 σ_ε^2 增大时，其均值的离散程度增大，而且均值是逐渐远离零坐标的负方向偏移。样本方差的离散程度也增大，同时向逐渐远离零坐标的正方向漂偏移。

图 2.10 显示，对于样本偏度和样本峰度，则是 σ_ε^2 增大，两者的收敛性增强。对于 *SETAR*3 和 *MTAR*3 而言，σ_ε^2 增大使得两者的样本偏度分别收敛到 -1.5 和 -1.6 附近；σ_ε^2 增大使得大样本下 *SETAR*3 和 *MTAR*3 的样本峰度分别收敛到 3.05 和 3.12 附近。

2.3.3　模型经济含义的比较

恩德斯和格兰杰（1998）在讨论非线性单位根问题时将 MTAR 模型引入了 TAR 模型族中。MTAR 指示函数为原序列差分变量的滞后序列，这一变化导致了 MTAR 模型和 SETAR 模型不但在统计特征上有所区别，其在

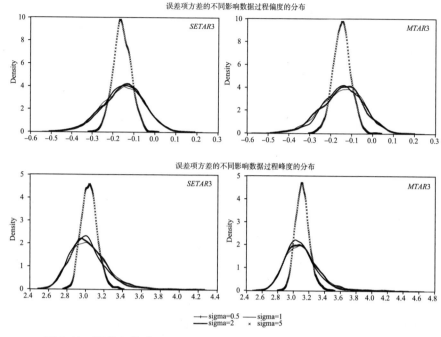

误差项方差的不同影响数据过程偏度的分布

误差项方差的不同影响数据过程峰度的分布

—+— sigma=0.5　——— sigma=1
——— sigma=2　　×　sigma=5

图 2.10　误差方差对 SETAR 过程与 MTAR 过程的样本矩的影响（2）

经济含义的区别也非常显著。恩德斯和格兰杰（1998）认为，SETAR 模型可用以描述经济变量的非对称性"深（deepness）"特征，而 MTAR 模型可用以描述经济变量的非对称性"尖（sharpness）"特征。经济变量中的时间序列往往表现出一定的"深"和"尖"特征，该特征最早于 1993 年由丹尼尔·西歇尔（Daniel Sichel）在一份研究报告中提出。丹尼尔（Daniel，1993）在研究美国国民生产总值、劳动失业率与规模工业产值的波动性问题时，发现国民生产总值 GNP 的周期性波动中存在两种不同的波动特征，即具有非对称性，并将这两种波动特征称为所谓的非对称性"深"特征和非对称性"尖"特征。非对称性"深"特征是指在序列围绕长期趋势成分波动的非对称性。在长期趋势成分以下波动性成分和长期趋势成分以上的波动性成分所表现出的"持久性（persistence）"不一样，即上下两部分的均值回复速度不相同，呈现出非对称现象。恩德斯和斯克罗斯（2001）指出，经济变量中这种非对称性"深"特征，一般可以用 SETAR 模型来进行分析。非对称性"尖"特征是指经济变量上升趋势中的持久性特征。序列如果在上升过程中和下降过程中的均值回复速度不相同，所表现出的非对称性波动特征可称之为非对称性"尖"特征。丹尼尔（1993）分别用原序列的"偏度"和原序列一阶差分的"偏度"来描述这种非对称性波动特征。拉姆西和罗斯曼（Ramsey and Rothman，1996）也对经济序列中所表现出来的非对称性提出了类似的概念。

但是丹尼尔（1993）以及拉姆西和罗斯曼（Ramsey and Rothman，1996）所采用的方法并不能恰当地表现这种非对称性波动的内在转换机制。恩德斯和格兰杰（1998）在分析 SETAR 和 MTAR 模型时，提到 SETAR 模型中的指示函数所揭示的序列内在非对称性转换机制可以较好地描述上述非对称"深"的特征；而 MTAR 模型用原序列一阶差分的滞后变量作为指示函数，又恰能比较好地刻画非对称性波动中的"尖"特性。

这些非对称性"深"和非对称"尖"特征在经济含义方面有着较为明显的区别。用第 2.3.1 节中 $SETAR1$ 过程 $X_t = 0.8X_{t-1}I_{\{X_{t-1}>0\}} - 0.2X_{t-1}I_{\{X_{t-1}\leqslant 0\}} + \varepsilon_t$ 和 $MTAR1$ 过程 $X_t = 0.8X_{t-1}I_{\{\Delta X_{t-1}>0\}} - 0.2X_{t-1}I_{\{\Delta X_{t-1}\leqslant 0\}} + \varepsilon_t$ 来进行简单说明。上述两个过程对应的自回归系数 b_{i1} 都相同，如果其描述的是通货膨胀率的非线性调整过程，则两个模型的经济含义区别明显。在 $SETAR1$ 过程中，表示的是上期的通胀率大于 $0(X_{t-1}>0)$ 时，本期的预期通胀率将在上期基础上以 0.8 的回调速度向零通胀方向调整；而上期的通胀率小于 $0(X_{t-1}\leqslant 0)$ 时，则本期的预期通胀率将为正值但幅度为上期的 0.2。这个模型的实际含义在于经济处于通货膨胀状态（$X_{t-1}>0$）的持续性较强，而经济处于通货紧缩（$X_{t-1}\leqslant 0$）时往往不具有持续性。这些非对称的持续性特征正好可与丹尼尔（1993）提出的非对称性"深"特征相对应，因而，SETAR 过程揭示的是经济序列中的非对称性"深"特征。

MTAR 过程所描述的经济含义则完全不同，MTAR 模型之所以被称之为冲量门限自回归模型，是由于其在某个方向上有更大的冲量（Momentum），能反映更多的趋势折返信息。对于上述 $MTAR1$ 过程，该模型所包含的经济含义是，如果上期通货膨胀率较之前上升了（$\Delta X_{t-1}>0$），则本期的预期通货膨胀率在上期基础上进行回调（如果此时 $X_{t-1}>0$，则本期预期通货膨胀率仍然为正；如果此时是通货紧缩 $X_{t-1}\leqslant 0$，则本期预期通货膨胀率仍然为负，即仍保持通货紧缩，但幅度均变小）；如果上期的通货膨胀率较之前下降了（$\Delta X_{t-1}\leqslant 0$），则本期预期通货膨胀率将反向，即上期通胀本期预期将紧缩，上期紧缩本期预期将通胀。可以看到，通货膨胀率在上升过程与下降过程中呈现不同的均值回复速度，也因此体现出经济序列中的"尖"的特征。如果这种非对称均值回复速度都为正，如 $X_t = 0.8X_{t-1}I_{\{\Delta X_{t-1}>0\}} + 0.2X_{t-1}I_{\{\Delta X_{t-1}\leq 0\}} + \varepsilon_t$，此时在 X_t 的正值区域内上升过程中的均值回复速度慢于下降过程，将呈现出"缓升陡降"型的波动特征。这种"尖"的特征可以恰当地由 MTAR 模型进行充分刻画描述。

用 SETAR 模型在分析经济现象时，一般认为序列的滞后值会影响当期的序列值，主要讨论序列的均值回复性，用半衰期进行考量。尤维纳和泰勒（Juvenal and Taylor, 2008）采用 SETAR 模型，探讨了一价定理（law of one price）在 9 个欧洲国家的 16 个部门之间是否成立。研究结论证实了对一价定理的偏离是一个非线性均值的回复过程，并强调了 SETAR 模型对实际汇率调整的非对称性速度估计的重要性。研究结果表明，SETAR 模型的均值回复速度取决于冲击的大小：较大的冲击有着更快的回复速度。对于较大的冲击，其平均半衰期范围在 10 ~ 25 个月之间，远低于罗格夫（Rogoff, 1996）所认为的 3 ~ 5 年的总体水平。尤维纳和泰勒（2008）还认为，由于交易成本的存在，在长期趋势成分中间部分形成了一个门限带（threshold band），由于这类模型的均值回复性由外体制决定，因而，作者着重对外体制的估计参数进行了讨论。

恩德斯和格兰杰（1998）检验美国长期利率 r_l 和短期利率 r_s 之间的协整关系，发现 $r_l - r_s$ 的协整误差项是一个 MTAR 的非对称调整过程。可以从图 2.11 中看到，协整的误差项表现出的正值区域"缓升陡降"型和负值区域的"陡升缓降"型的波动特征，在最后的 MTAR 估计结果中 $b_{11} = -0.06$，$b_{21} = -0.293$ 与上述特征也基本吻合。

恩德斯和斯克罗斯（2001）以及坎纳尔和汉森（2001）也论述了 MTAR 模型的经济含义，认为 MTAR 非线性调整模型可用于描述政策制定者试图对冲经济指标出现较大一些的变化，如美联储在面对较大的长短期利率差时，因担心可能影响市场的通货膨胀预期，可能会采取相应措施以对冲这种利率差，见图 2.11。

坎纳尔和汉森（2001）用 MTAR 模型分析了美国失业率的非对称调整过程，最终估计得到 MTAR 模型结果也符合图 2.12 中"陡升缓降"的这种非线性调整走势。

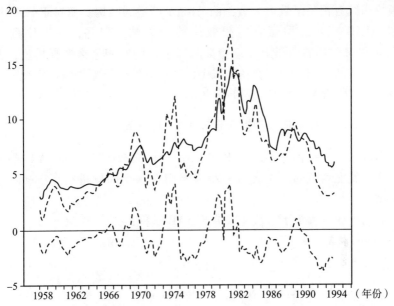

图 2.11 恩德斯和斯克罗斯（2001）中美国利率的 MTAR 非线性调整

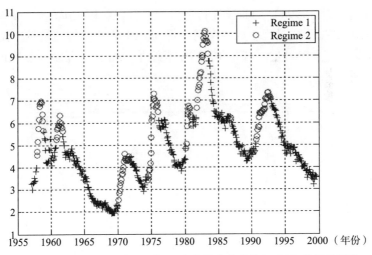

图 2.12 坎纳尔和汉森（2001）中美国失业率的 MTAR 非线性调整

2.3.4 SETAR 与 MTAR 建模的特征

我们知道，ARMA 模型的识别和设定有比较便利的工具，如借助自相关函数和偏自相关函数可大致判断 ARMA 模型的结构。而对于 SETAR 模型和 MTAR 模型，虽然有门限效应检验方法，但是，一个序列可能SETAR 和 MTAR 的门限效应检验都能通过，到底该怎么选择模型，并没有一个公认的标准。因此，在实践中，往往会发生模型误设的情况。本小节将对上述情况的建模特征进行分析。

2.3.4.1 SETAR 模型误设定为 MTAR 模型

当数据生成过程为 SETAR 模型，而估计方程却设定为 MTAR 模型时，非线性检验能否通过。为此，本小节专门对这个问题进行了 Monte Carlo 模拟试验。

数据生成过程为不带截距项的 SETAR 过程：

$setar1$：$X_t = 0.3X_{t-1}I_{\{X_{t-1}>0\}} + 0.7X_{t-1}I_{\{X_{t-1}\leq 0\}} + \varepsilon_t$，$\varepsilon_t \sim iid(0, 1)$

$setar2$：$X_t = 0.7X_{t-1}I_{\{X_{t-1}>0\}} + 0.3X_{t-1}I_{\{X_{t-1}\leq 0\}} + \varepsilon_t$，$\varepsilon_t \sim iid(0, 1)$

$setar3$：$X_t = -0.8X_{t-1}I_{\{X_{t-1}>0\}} + 0.2X_{t-1}I_{\{X_{t-1}\leq 0\}} + \varepsilon_t$，$\varepsilon_t \sim iid(0, 1)$

分别用下面不带截距项形式的 MTAR 模型进行估计：

$$X_t = b_{11}X_{t-1}I_{\{\Delta X_{t-1}>\lambda\}} + b_{21}X_{t-1}I_{\{\Delta X_{t-1}\leq\lambda\}} + v_t \tag{2.35}$$

按照汉森（1996）的非线性特征检验，首先，用 $Wald$ 统计量对由不同 SETAR 数据生成过程生成的序列进行 MTAR 非线性特征检验。图 2.13 为样本容量 $T=1000$ 时，模拟 1000 次得到的 $Wald$ 统计量概率分布的核密度函数图。

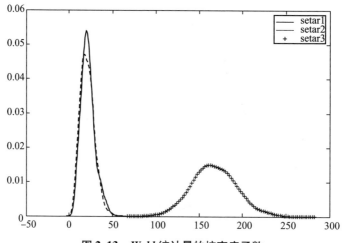

图 2.13 $Wald$ 统计量的核密度函数

从图（2.13）中可以看到，对 *setar*1 和 *setar*2 序列进行 MTAR 非线性特征检验时，*Wald* 统计量值较小；而 *setar*3 序列的 MTAR 非线性特征检验 *Wald* 统计量值则偏大，说明 *setar*3 序列更容易通过 MTAR 类型的非线性特征检验。表 2.1 也给出了类似的结论①。

表 2.1　　　　　非线性特征检验中 *Wald* 统计量的通过率

序列	MTAR 非线性特征 *Wald* 检验结果			
	通过次数	未通过次数	模拟次数	通过率
*setar*1	837	163	1000	0.837
*setar*2	789	211	1000	0.789
*setar*3	1000	0	1000	1.000

在表 2.1 中，*setar*3 的序列在 1000 次模拟中全部通过了 MTAR 效应检验；而 *setar*1 和 *setar*2 的通过率也高达 0.837 和 0.789。

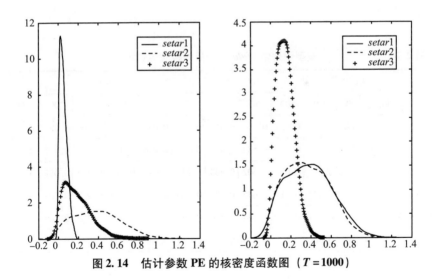

图 2.14　估计参数 PE 的核密度函数图（$T = 1000$）

图 2.14 反映了 *setar*1、*setar*2 和 *setar*3 序列建立 MTAR 模型的估计系

---

① 表 2.1 中临界值没有给出，是因为非线性特征检验的 *Wald* 统计量的临界值与生成的序列有关，而模拟过程中每一次的生成序列都不相同，因此，检验用的临界值采用的是通过 1000 次 bootstrap 得到的临界值。表 2.3 采用了类似模拟方法。

数与原系数的偏差度（左图为式（2.35）中系数 b_{11}，右图为系数 b_{21}），PE 为绝对百分误差系数：

$$PE = \left| \frac{\hat{b}_i - b_i}{b_i} \right| \tag{2.36}$$

可以看到，参数越大，估计精度则较高，两个图中收敛性较好的两条曲线对应的估计参数分别是 0.7 和 -0.8。

上述结果表明，SETAR 和 MTAR 这两种建模方法不容易进行区别，由 SETAR 模型生成的数据也可以通过 MTAR 模型的相关检验。

实际中，如何去鉴别一个数据的真实数据生成过程，目前尚没有文献讨论。本书尝试使用残差平方和（SSR）比较法，即分别用 SETAR 模型和 MTAR 模型对同一个序列进行建模，提取两个模型的残差平方和进行比较。由于真实的数据生成过程并不知道，因此，可以将模型残差平方和较小的模型视作数据的真实生成过程。但模拟结果显示，该方法的稳健性并不好，模拟结果如表 2.2 所示。表中数据为准确识别真实数据生成过程的比例，试验发现，SSR 方法在小样本时识别率在 40% ~ 60%，而大样本下识别准确率非常低。

表 2.2　　　　　　　　模型识别中 *Wald* 统计量的检验通过率

方法	DGP1			DGP2			DGP3					
	50	100	200	500	50	100	200	500	50	100	200	500
SSR	0.597	0.448	0.237	0.054	0.615	0.469	0.254	0.051	0.385	0.269	0.080	0.007
	0.622	0.463	0.244	0.052	0.582	0.468	0.275	0.046	0.455	0.269	0.077	0.004
	0.586	0.452	0.255	0.048	0.602	0.434	0.234	0.042	0.411	0.243	0.082	0.003
WSSR	0.423	0.516	0.524	0.718	0.645	0.622	0.763	0.729	0.524	0.912	0.709	0.688
	0.494	0.600	0.624	0.659	0.694	0.576	0.729	0.776	0.576	0.729	0.847	0.765
	0.500	0.607	0.607	0.607	0.679	0.643	0.714	0.771	0.536	0.786	0.821	0.729

本书考虑一个改进的方法，即使用加权残差平方和进行识别。这个方法是将建模的 *Wald* 检验统计量 w 计算出来，并用 bootstrap 方法得到其临界值 crw，假设模型的残差平方和为 SSR，则加权残差平方和为：

$$WSSR = SSR \times \left(\frac{crw}{w} \right)^2 \tag{2.37}$$

这样，数据真实生成过程的模型估计得到的 $Wald$ 检验统计量 w 将远大于临界值 crw，从而通过加权将 SSR 缩小。表 2.2 中的模拟结果显示，这个方法显著优于直接使用 SSR 进行比较得到的结果。只有 DGP1 下样本容量为 50 时，使用 WSSR 的效果比直接使用 SSR 差，其余情况下都得到了不同程度的改善。

2.3.4.2 MTAR 模型误设定为 SETAR 模型

数据生成过程为不带截距项的 MTAR 过程：

$mtar1$：$X_t = 0.3X_{t-1}I_{\{\Delta X_{t-1}>0\}} + 0.7X_{t-1}I_{\{\Delta X_{t-1}\leqslant 0\}} + \varepsilon_t，\ \varepsilon_t \sim iid(0,\ 1)$

$mtar2$：$X_t = 0.7X_{t-1}I_{\{\Delta X_{t-1}>0\}} + 0.3X_{t-1}I_{\{\Delta X_{t-1}\leqslant 0\}} + \varepsilon_t，\ \varepsilon_t \sim iid(0,\ 1)$

$mtar3$：$X_t = -0.8X_{t-1}I_{\{\Delta X_{t-1}>0\}} + 0.2X_{t-1}I_{\{\Delta X_{t-1}\leqslant 0\}} + \varepsilon_t，\ \varepsilon_t \sim iid(0,\ 1)$

分别用下面不带截距项形式的 MTAR 模型进行估计：

$$X_t = b_{11}X_{t-1}I_{\{X_{t-1}>\gamma\}} + b_{21}X_{t-1}I_{\{X_{t-1}\leqslant \gamma\}} + v_t \tag{2.38}$$

与前面采用类似的模拟设定进行分析，首先，进行 SETAR 非线性特征检验，检验结果分别用图 2.15 和表 2.3 展示出来。

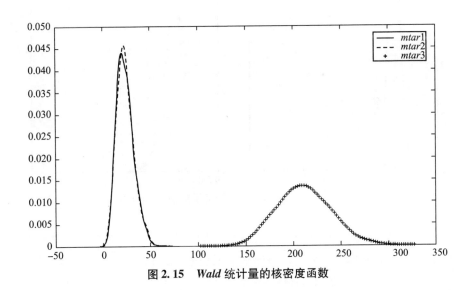

图 2.15 $Wald$ 统计量的核密度函数

可以发现，$mtar3$ 的 SETAR 非线性特征检验 $Wald$ 检验统计量值较大，表中结果也显示了其 100% 的非线性特征检验通过率；其他两个模型的检验通过率分别为 0.875 和 0.883。

表 2.3　　　　　　　　　　**非线性特征检验中 *Wald* 统计量的通过率**

序列	非线性特征 *Wald* 检验结果			
	通过次数	未通过次数	模拟次数	通过率
*mtar*1	875	125	1000	0.875
*mtar*2	883	117	1000	0.883
*mtar*3	1000	0	1000	1.000

　　估计参数的精度偏差方面，图 2.16 的结果显示，系数值较大，则估计值相对准确的特点。*mtar*1 模型中的系数 0.7（左图）和 *mtar*3 中系数 −0.8（右图）这两个系数的估计偏差较小，精度相对较高。

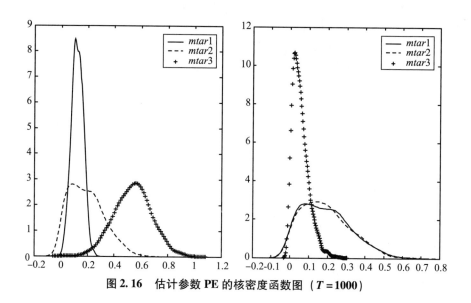

图 2.16　估计参数 PE 的核密度函数图（*T* = 1000）

　　在数据的建模方法鉴别方面，模拟结果显示，MTAR 模型即便使用 SSR 方法的识别率也非常高，小样本下识别率可达到 80% 以上，而大样本下，更是接近于 1。使用加权的 WSSR 方法，也略有改善。表 2.4 中结果显示，WSSR 的识别率普遍高于普通的 SSR 识别结果。

表 2.4　　　　　　　　模型识别中 *Wald* 统计量的检验通过率

方法	DGP1				DGP2				DGP3			
	50	100	200	500	50	100	200	500	50	100	200	500
	0.731	0.823	0.910	0.997	0.729	0.816	0.953	0.980	0.872	0.931	0.991	0.989
SSR	0.752	0.763	0.945	0.954	0.732	0.840	0.863	0.976	0.712	0.926	0.973	0.978
	0.889	0.944	0.944	0.965	0.778	0.556	0.889	0.956	0.722	0.944	0.982	0.988
	0.817	0.891	0.936	0.989	0.849	0.888	0.942	0.993	0.836	0.928	0.979	1.000
WSSR	0.832	0.889	0.934	0.992	0.837	0.889	0.943	0.990	0.846	0.933	0.980	1.000
	0.836	0.908	0.937	0.995	0.838	0.889	0.943	0.992	0.839	0.932	0.980	1.000

在本小节的分析中，发现若真实数据生成过程为 MTAR，则在识别模型时比较少地出现误识别的现象；而当真实数据生成过程为 SETAR，则比较容易误识别为 MTAR 过程。在模型识别方面，加权的 WSSR 方法比 SSR 方法的识别率要高，在实践中推荐使用 WSSR 方法进行模型选择。

2.4　本章小结

本章首先引入了 SETAR 模型和 MTAR 模型，介绍了两种模型在设定上的区别。在讨论模型的平稳遍历条件时，与 ARIMA 时间序列的平稳性结论不同，TAR 模型由于其一般性的平稳遍历条件还没有结论。本书讨论了常用 2 体制和 3 体制的特定约束 TAR 模型的平稳性条件，特别的，对于 3 体制的 TAR 模型，其平稳性完全由两个外体制所决定。

本章 2.2 节对门限效应的检验方法和模型的参数估计等内容进行了讨论，主要介绍了 Tsay 检验和 Hansen 检验的非线性特征检验原理；在模型参数估计方面，对 Chan 估计方法进行了介绍，并得到了平稳条件下，估计参数的渐近分布理论。

最后，对 SETAR 和 MTAR 的建模进行了比较，首先，从直观特征、样本矩等统计性质方面进行了比较，结论是 MTAR 较 SETAR 有更多的"尖点"；平稳条件下，样本矩函数都稳定地收敛到其总体矩中；然后，从模型经济含义方面进行了对比，认为 SETAR 模型可以较好地描述经济变量的非对称"深"特征；而 MTAR 模型则可刻画非对称性波动中的"尖"

特征；最后，对两类模型的建模特征进行了分析，由于 SETAR 和 MTAR 过程在非线性检验中，相互检验到另一个非线性特征的概率非常大（一个 SETAR 数据过程，有很高的概率通过 MTAR 非线性特征检验），本书认为，加权的 WSSR 方法可以有效地在建模阶段帮助研究人员进行模型识别选择。

第 3 章

MTAR 模型的单位根检验

本书第 2 章讨论了总体平稳条件下的门限自回归模型的基本特征，而关于非平稳时间序列的相关内容在第 2 章中尚未涉及。在第 2 章已经讨论过的门限自回归模型的非线性性检验中，原假设 H_0 一般是线性模型，而备择假设 H_1 是平稳的门限自回归模型。但在现实中，即便拒绝了 H_0，也未必就是平稳的门限自回归模型。在经济序列中，非线性经济现象中的非平稳性问题也较为常见，如罗格夫（Rogoff，1996）提出了"新一代购买力平价之谜"，认为购买力平价是一个非线性平稳过程，满足 PPP 定理。而在此之前，大部分实证研究都假定实际汇率的均值回复调整过程是一个线性自回归过程。自从罗格夫（Rogoff，1996）之后的近十年来，研究人员开始运用非线性方法检验实际汇率的均值回复性，发现了汇率的交易价格在一定局部区域内服从单位根过程，这用早期的线性购买力平价模型是无法解释的。

但是，如何区分非线性时间序列的平稳性和非平稳性却是一个难题，皮朋杰和吉尔灵（Pippenger and Goering，1993，2000）以及巴尔克和姆比（1997）等指出传统的单位根检验法对非线性时间序列的单位根检验功效较低，用传统经典的 ADF 或 PP 单位根检验方法进行检验可能导致错误判断。因此，有必要对门限自回归模型的单位根检验方法进行详细深入的讨论。从本章开始，本书的第 3 章、第 4 两章将分别对 MTAR 模型和 SETAR 模型的单位根检验方法进行讨论。本章将首先用 Monte Carlo 模拟方法对几个较为常用的传统线性单位根检验方法对各类非线性时间序列的单位根检验水平和检验功效进行模拟研究，发现其优劣势；进而在坎纳尔和汉森（2001）（后文简称为 CH（2001））的基础上对 MTAR 模型的单位根检验理论进行扩展，以拓展 MTAR 模型的单位根检验方法在实际研究中的适用性。

3.1 非线性条件下的传统单位根检验

常见的单位根检验方法包括 ADF（Dickey and Fuller，1976，1979，1981）检验、PP（Phillips and Perron，1988）检验、KPSS（Kwiatkowski et al.，1992）、ERS（Elliott et al.，1996）、ZA（Zivot and Andrews，1992）和 SP（Schmidt and Phillips，1992）等，本节用 ADF、PP、KPSS、ERS 等常见的传统单位根检验方法对不同类型的非线性 DGP 模型产生的时间序列进行单位根检验研究，全面地考察传统单位根检验方法对各类不同非线性模型的检验尺度和检验功效，以期较为系统地揭示传统单位根检验方法对非线性时间序列的单位根检验效果。

3.1.1 传统单位根检验方法

为使检验结果更加稳健，本章将分别使用 ADF 检验、PP 检验、KPSS 检验和 ERS 四种检验方法对不同设定的非线性时间序列进行单位根检验。首先，对这些检验方法的基本原理进行简要说明。

DF 由是迪基和富勒（Dickey and Fuller，1976）提出的单位根检验方法，为方便起见，检验方程可设定为：$\Delta X_t = \rho X_{t-1} + \varepsilon_t$，$X_0 = 0$，$\varepsilon_t \sim iid\ (0,\ \sigma_\varepsilon^2)$，检验的原假设和备择假设为：

$$\begin{cases} H_0: \rho = 0 \\ H_1: \rho < 0 \end{cases}$$

检验统计量用估计系数 ρ 的 t 统计量：

$$DF = t = \frac{\hat{\rho}}{s(\hat{\rho})} \tag{3.1}$$

该统计量在单位根的原假设下估计系数 ρ 的 t 统计量的渐近分布已经不是 t 分布，而是一个维纳过程的泛函形式。在迪基和富勒（1976）以后的文献中该 t 统计量就被称为 DF 统计量，检验方法也被称为 DF 单位根检验法。ADF 检验是迪基和富勒（1979，1981）在 DF 检验基础上提出的改进单位根检验方法，又称为增广 DF 检验。由于实际经济序列在上述表达式中，其误差项往往不是独立同分布的情况，而更可能是一个 $ARMA(p,\ q)$ 结构。ADF 检验旨在克服因误差项非独立同分布而导致的单位根检验失效。这种 $ARMA(p, q)$ 形式的误差项可以转化成序列 X_t 的 $AR(p)$ 形式，从而得到服从独立同分布的白噪声残差序列 ε_t。于是，根据原序列是否存在漂移项和时间趋势项，ADF 的检验估计式模型可以设定成如下三种形式：

$$\Delta X_t = \rho X_{t-1} + \sum_{i=1}^{p-1} \beta_i \Delta X_{t-i} + \varepsilon_t, \ X_0 = 0, \ \varepsilon_t \sim iid(0, \sigma_\varepsilon^2)$$

$$\Delta X_t = \mu + \rho X_{t-1} + \sum_{i=1}^{p-1} \beta_i \Delta X_{t-i} + \varepsilon_t, \ X_0 = 0, \ \varepsilon_t \sim iid(0, \sigma_\varepsilon^2)$$

$$\Delta X_t = \mu + rt + \rho X_{t-1} + \sum_{i=1}^{p-1} \beta_i \Delta X_{t-i} + \varepsilon_t, \ X_0 = 0, \ \varepsilon_t \sim iid(0, \sigma_\varepsilon^2)$$

在上面的估计式中，ADF 检验也只需检验估计系数 ρ 的 t 统计量即可。其原假设 H_0：序列存在一个单位根，$\rho = 0$；其备选假设 H_1：序列不存在单位根，可能是一个包含常数项和时间趋势项的平稳过程。可以观察到，DF 检验实际上一个是 AR（1）模型，是 ADF 检验的特例。

PP 检验是菲利普斯和皮隆（1988）提出一种非参数单位根检验方法，PP 检验估计的也是 Dickey – Fuller 检验用的方程。因此，PP 检验的原假设和备择假设与 ADF 检验也一致。PP 检验主要是为了修正 Dickey – Fuller 方法中相对较低的检验势，于是对统计量（3.1）进行了调整，PP 检验统计量的表达式为：

$$\hat{t}_{pp} = t(\hat{\rho}) \left(\frac{\gamma_0}{f_0} \right)^{\frac{1}{2}} - \frac{T(f_0 - \gamma_0)(se(\hat{\rho}))}{2f_0^{\frac{1}{2}}s} \tag{3.2}$$

式（3.2）中 $t(\hat{\rho})$ 是 Dickey – Fuller 检验式中计算的 t 值，$se(\hat{\rho})$ 是估计系数的标准误差，s 是回归方程的标准误差，γ_0 是回归方程方差的一致估计，即 $\gamma_0 = \frac{(T-k)s^2}{T}$，$k$ 是回归因子的个数，f_0 是残差的频率为 0 时的谱估计。检验结果接受原假设，意味着有单位根；反之，不存在单位根。

KPSS 检验由克维亚特科夫斯基、菲利普斯、施密特·欣恩于 1992 年提出，该检验方法是通过检验该残差序列是否存在单位根来判断原序列是否有单位根。其基本思路是：将待检验序列退势和退均值，用得到残差计算谱密度函数，并用谱密度函数构造检验统计量。估计下式，从待检序列中剔除截距项和趋势项，得到残差序列 ε_t：

$$X_t = x_t \delta + \varepsilon_t, \ X_0 = 0, \ \varepsilon_t \sim iid(0, \sigma_\varepsilon^2)$$

其中，x_t 是外生变量向量序列，包含了被检验序列 X_t 的截距项，或

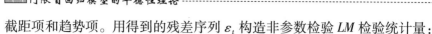

截距项和趋势项。用得到的残差序列 ε_t 构造非参数检验 LM 检验统计量：

$$LM = \frac{\sum_t S(t)^2}{(T \cdot f_0)} \tag{3.3}$$

其中，$S(t) = \sum_{i=1}^{t} \hat{\varepsilon}_i$ 是残差累积函数值，残差序列 $\hat{\varepsilon}_t = X_t - x_t \hat{\delta}$，$f_0$ 是频率为零时的残差谱密度函数值。KPSS 检验的原假设是 H_0：序列（趋势）平稳序列，备择假设是单位根序列，因此，该检验属于右单端检验。

ERS 检验由艾略特、卢森博格、斯托克（Elliot, Rothenberg and Stock）在 1996 年提出。ERS 检验是在被检验序列的拟差分序列回归基础上，构造统计量来进行检验的。拟差分序列定义为：

$$d(X_t \mid a) = \begin{cases} X_t & t = 1 \\ X_t - aX_{t-1} & t > 1 \end{cases}$$

在拟差分序列基础上按照以下回归方程进行回归：

$$d(X_t \mid a) = d(x_t \mid a)\delta(a) + \varepsilon_t$$

x_t 是包含被检验序列 X_t 的截距项，或截距项和趋势项的回归因子。假定拟差分系数用 a 和 1 表示，ERS 检验统计量为相应两个残差平方和 $SSR(a)$ 与 $SSR(1)$（称为点最优）构造得到，具体形式如下：

$$ERS_T = (SSR(a)) - aSSR(1)/f_0 \tag{3.4}$$

其中，$SSR(a) = \sum \hat{\varepsilon}_t^2(a)$，$SSR(1) = \sum \hat{\varepsilon}_t^2(1)$，$f_0$ 是频率为零时的残差谱密度函数值。ERS 检验的原假设是 H_0：序列为（趋势）平稳过程，与 KPSS 统计量类似，ERS 点最优检验属于右单端检验。当统计量 ERS_T 值大于临界值时，拒绝原假设，即待检序列有单位根。

3.1.2 非线性条件下的传统单位根检验模拟

本小节用传统单位根检验方法对各类不同的非线性时间序列进行单位根检验，并用 Monte Carlo 模拟试验得到检验尺度和检验功效。模拟试验中共选取了 8 种平稳非线性时间序列和 3 种非平稳的非线性时间序列进行检验，为了对比效果，还选取了 2 个平稳 AR（1）时间序列和 1 个线性单位根过程进行检验，如表 3.1 所示。

表 3.1　　　　　　　　　　模拟试验的数据生成过程

数据过程	DGP	数据生成过程（DGP）	描述
平稳数据过程	DGP0 DGP1	$y_t = \rho y_{t-1} + \varepsilon_t;$ $\begin{cases} \rho_0 = 0.2 \\ \rho_1 = 0.9 \end{cases}$	平稳 AR（1）过程
	DGP2	$y_t = \mu_1 + \rho y_{t-1} + \varepsilon_t,\ if\ \ t \leqslant \lambda T\ \ \lambda \in (0, 1)$ $y_t = \mu_2 + \rho y_{t-1} + \varepsilon_t,\ if\ \ t > \lambda T\ \ \lambda \in (0, 1)$	均值结构突变的 AR（1）过程
	DGP3	$y_t = \rho y_{t-1} + \alpha y_{t-1} \varepsilon_{t-1} + \varepsilon_t$	双线性模型
	DGP4	$y_t = \exp(x_t),\ x_t = \rho x_{t-1} + \varepsilon_t,\ \varepsilon_t \sim N(0, 1)$	指数关系的 AR 模型
	DGP5/6	$y_t = \rho_1 y_{t-1} + \varepsilon_t,\ if\ \ y_{t-1} \leqslant c$ $y_t = \rho_2 y_{t-1} + \varepsilon_t,\ if\ \ y_{t-1} > c$	平稳 SETAR 过程
	DGP7	$y_t = \rho_1 y_{t-1} + \varepsilon_t,\ if\ \ \Delta y_{t-1} \leqslant c$ $y_t = \rho_2 y_{t-1} + \varepsilon_t,\ if\ \ \Delta y_{t-1} > c$	平稳 MTAR 过程
	DGP8	$y_t = -c(1-\rho) + \rho y_{t-1} + \varepsilon_t,\ if\ \ y_{t-1} < -c$ $y_t = y_{t-1} + \varepsilon_t,\ if \mid y_{t-1} \mid \leqslant c$ $y_t = c(1-\rho) + \rho y_{t-1} + \varepsilon_t,\ if\ \ y_{t-1} > c$	平稳 Band – TAR 过程
	DGP9	$y_t = \mu_1 + \rho_1 y_{t-1} + \left(\dfrac{1}{1 + \exp(\gamma(y_{t-1} - c))} \right)(\mu_2 + \rho_2 y_{t-1}) + \varepsilon_t$	LSTAR 过程
非平稳数据过程	DGP（10'）	$y_t = y_{t-1} + \varepsilon_t$	AR（1）单位根过程
	DGP10	$y_t = \mu_1 + y_{t-1} + \varepsilon_t,\ if\ \ y_{t-1} \leqslant c$ $y_t = \mu_2 + y_{t-1} + \varepsilon_t,\ if\ \ y_{t-1} > c$	SETAR 单位根过程
	DGP11	$y_t = \mu_1 + y_{t-1} + \varepsilon_t,\ if\ \ \Delta y_{t-1} \leqslant c$ $y_t = \mu_2 + y_{t-1} + \varepsilon_t,\ if\ \ \Delta y_{t-1} > c$	MTAR 单位根过程
	DGP12	$y_t = -c(1-\rho) + y_{t-1} + \varepsilon_t,\ if\ \ y_{t-1} < -c$ $y_t = y_{t-1} + \varepsilon_t,\ if \mid y_{t-1} \mid \leqslant c$ $y_t = c(1-\rho) + y_{t-1} + \varepsilon_t,\ if\ \ y_{t-1} > c$	Band – TAR 单位根过程

　　注：在模拟过程中，表中的参数 ρ 取值均为 0.9，c 值取 0，其他参数的取值已经在下文中进行了详细说明。

　　平稳 AR（1）时间序列分别是 DGP0（$\rho_0 = 0.2$）和 DGP1（$\rho_0 = 0.9$），主要用以对比各单位根检验方法在线性平稳序列和非线性平稳序列之间的表现差异。DGP2~DGP9 是各类非线性平稳数据的生成过程，包括均值结构突变的 AR(1) 过程 DGP2（模拟参数：$\mu_1 = 0.5$，$\mu_2 = 0.7$）；双线性模型 DGP3（模拟参数：$\alpha = 0.1$）；AR 序列的指数关系模型 DGP4；平稳 SETAR 过程 DGP5（$\rho_1 = 0.9$，$\rho_2 = 0.7$）和 DGP6（$\rho_1 = 0.9$，$\rho_2 = 0.2$），DGP5 和 DGP6 主要目的在于观察序列的非对称程度对检验功效的影响；DGP7 是平稳 MTAR 过程（$\rho_1 = 0.9$，$\rho_2 = 0.2$）；DGP8 是平稳 Band – TAR 过程（$c = 2$）；DGP9 是平稳 LSTAR 过程，参数取值来自恩德斯（2008）一书中第 7 章第 6 小节的实例。

平稳序列用于模拟各检验统计量对线性和非线性序列平稳性检验的检验功效；非平稳的序列用于模拟各检验统计量的检验水平。本小节中非平稳线性 AR(1) 过程是 DGP(10')，是无截距项和时间趋势项的线性单位根过程；非线性的非平稳过程包括 DGP10，SETAR 单位根过程（$\mu_1 = 0.1$，$\mu_2 = 0.5$）；DGP11，MTAR 单位根过程（$\mu_1 = 0.1$，$\mu_2 = 0.5$）和 DGP12，Band – TAR 单位根过程（$c = 2$）。

图 3.1 是 $T = 200$ 时，由上述数据过程生成的一次数据实现（realization）的时间序列趋势图。DGP1 – DGP9 都是平稳序列，从图 3.1 中看出，除了均值带结构突变的 DGP2 序列外，其他序列都有较为明显的平稳性特征。

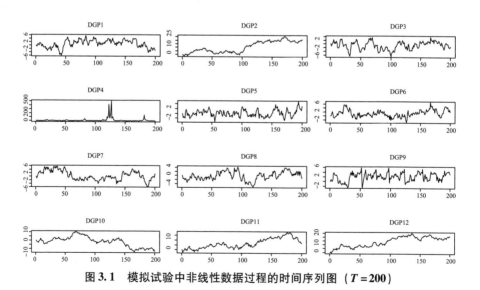

图 3.1　模拟试验中非线性数据过程的时间序列图（$T = 200$）

Monte Carlo 模拟试验的设定说明如下：用对上述总计 14 个序列（10 个平稳序列，4 个非平稳序列）生成样本容量分别为 $T=50$，$T=100$，$T=200$，$T=500$ 的待检验样本序列（去除初始 200 个观测值），分别用 ADF、PP、KPSS 和 ERS 四个检验统计量进行平稳性检验，统计量的计算方法已经在上一节进行了简要说明。重复上述检验步骤 5000 次，计算得到不同样本容量下，不同检验方法对各个 DGP 的检验尺度和检验功效，结果如表 3.2 所示。

表 3.2 传统单位根检验对线性和非线性时间序列的检验尺度和检验功效

DGP		ADF				PP			
		50	100	200	500	50	100	200	500
检验功效	DGP0	0.997	0.999	1.000	1.000	0.999	0.999	1.000	1.000
	DGP1	0.375	0.715	0.995	1.000	0.203	0.333	0.867	1.000
	DGP2	0.009	0.010	0.051	0.123	0.138	0.371	0.875	1.000
	DGP3	0.331	0.676	0.975	1.000	0.150	0.295	0.785	1.000
	DGP4	0.588	0.932	0.990	0.999	0.791	0.968	0.993	1.000
	DGP5	0.488	0.833	0.995	1.000	0.309	0.676	0.991	1.000
	DGP6	0.430	0.790	0.996	1.000	0.449	0.856	0.999	1.000
	DGP7	0.996	0.999	1.000	1.000	0.999	1.000	1.000	1.000
	DGP8	0.065	0.109	0.237	0.980	0.086	0.122	0.275	0.987
	DGP9	0.602	0.987	1.000	1.000	0.796	0.998	1.000	1.000
检验尺度	DGP（10'）	0.056	0.052	0.055	0.045	0.058	0.050	0.046	0.055
	DGP10	0.203	0.175	0.148	0.109	0.108	0.135	0.149	0.167
	DGP11	0.003	0.005	0.009	0.018	0.008	0.015	0.013	0.014
	DGP12	0.013	0.005	0.000	0.000	0.032	0.028	0.023	0.013
DGP		KPSS				ERS			
		50	100	200	500	50	100	200	500
检验功效	DGP0	0.942	0.946	0.942	0.946	0.937	1.000	1.000	1.000
	DGP1	0.583	0.563	0.526	0.535	0.306	0.681	0.976	1.000
	DGP2	0.265	0.323	0.295	0.258	0.010	0.007	0.001	0.098
	DGP3	0.612	0.548	0.543	0.532	0.364	0.667	0.955	1.000

续表

DGP		KPSS				ERS			
		50	100	200	500	50	100	200	500
检验功效	DGP4	0.772	0.771	0.727	0.779	0.631	0.913	0.984	0.999
	DGP5	0.696	0.674	0.653	0.674	0.475	0.813	0.991	1.000
	DGP6	0.757	0.763	0.725	0.732	0.466	0.778	0.980	1.000
	DGP7	0.954	0.952	0.939	0.948	0.951	1.000	1.000	1.000
	DGP8	0.469	0.392	0.284	0.252	0.151	0.295	0.707	1.000
	DGP9	0.847	0.879	0.891	0.910	0.447	0.844	0.996	1.000
检验尺度	DGP（10'）	0.302	0.189	0.054	0.007	0.088	0.078	0.054	0.052
	DGP10	0.384	0.280	0.121	0.097	0.196	0.191	0.151	0.109
	DGP11	0.005	0.005	0.020	0.027	0.001	0.010	0.013	0.021
	DGP12	0.015	0.018	0.003	0.000	0.022	0.002	0.000	0.000

表中所有结果都是按照 5% 的显著性水平进行检验，DGP0 ~ DGP9 试验的是检验统计量的检验功效，而 DGP(10') ~ DGP12 等试验的是检验统计量的检验尺度。试验结果的主要结论有三点。

首先，传统线性的单位根检验方法对非线性平稳序列的检验功效并没有超乎想象的低。有部分非线性平稳序列，如带均值突变的 AR(1) 过程 DGP2 和平稳 Band‒TAR 过程 DGP8 使用传统单位根检验方法时存在检验功效过低的情况，检验统计量过度拒绝真实的数据过程，从而得到序列非平稳的结论。对比 DGP0 和 DGP1 的检验功效，可以看出，传统单位根检验方法即使在检验线性的平稳过程时，随着序列的持续性不断增强，其检验功效也有较大的下降；ADF 检验、ERS 检验和 PP 检验的检验高校随着样本容量的增大逐步提高，但其在 $T \leqslant 100$ 的小样本下的检验功效较低，尤其是 PP 检验在 $T = 50$ 的小样本下的检验功效低到 20.3%，存在过度拒绝平稳过程的现象；而 KPSS 检验和在小样本下的检验功效稍好，但是，KPSS 的检验功效并不随着样本容量增大而改进，在所有检验中也可发现，KPSS 检验在不同样本容量下都有非常好的稳定性。DGP3、DGP4、DGP5、DGP6、DGP7 和 DGP9 等非线性平稳过程在使用传统单位根检验方法时，有尚可接受的检验功效，尤其是 DGP4、DGP7 和 DGP9，其检验结论显示在多数情况下这些序列使用传统单位根检验方法有着与线性平稳过程相当的渐近检验功效。这个结论尽管有些出乎意料，但与巴尔克和姆比（1997）、恩德斯和格兰杰（1998）以及崔和莫（Choi and Moh, 2006）的结论有着类似之处，上述文献都报告了在样本容量较小时，ADF 检验对平稳 Band－TAR 的检验功效非常低，但却有较好的渐近检验功效。可见，非线性特征由于其具体形式和参数的不同，可能会对非平稳性起到"激化"作用，也可能会对非平稳性起到一定的"隐藏"作用。

其次，从非对称性的 SETAR、MTAR 过程 DGP5、DGP6、DGP7 和 DGP9 的检验结果，可以看到，非对称度对检验结果的影响远没有序列中的持续性成分影响大。DGP5 和 DGP6 都是 SETAR 过程，但是，其非对称度不一样，从检验结果看，非对称度对检验结果在各个不同检验方法中影响不一，且影响程度都较小；在 ADF 检验中，非对称度增大会略微降低检验功效；而在 PP 检验中，非对称度大，反而提高了检验功效（DGP6 非对称度大于 DGP5）。MTAR 过程 DGP7 的检验功效在各个检验统计量下，检验功效都接近于 1，这说明 MTAR 的这种非对称性反而起到了序列平稳化的作用。

最后，在检验尺度方面，传统检验方法对 SETAR 过程的检验尺度或偏大、或偏小，存在过度拒绝（接受）单位根现象。对于 SETAR 单位根过程 DGP11，即便在大样本下，四个检验方法的检验尺度几乎都在 10% 左右，小样本时、ADF、ERS 检验的检验尺度达到了 20%，KPSS 达到了近 40%。而对于 MTAR 单位根过程 GDP11 和 Band－TAR 单位根过程的 DGP12 来说，其检验尺度偏低，很多情况下都接近于 0。

上述检验结果表明，尽管传统单位根检验方法在对部分非线性时间序列的单位根检验有着可接受的检验功效，但多数检验统计量都存在检验尺度失真的情况。此外，非线性时间序列由于其类型广泛，其平稳性受到具体非线性形式和控制非线性的参数（如门限模型中的门限值）等影响，一个类型的非线性时间序列可能因各种参数取值不同，而表现出不同的平稳性。因此，有必要从非线性模型的理论层面，对非线性时间序列的单位根检验进行探讨。

3.2　2 体制 MTAR 模型的单位根检验

本节对 2 体制的 MTAR 模型的单位根检验方法进行讨论。坎纳尔和汉森（CH，2001）对 2 体制的 MTAR 模型的单位根检验进行了较为详细的讨论。本节将对坎纳尔和汉森（CH，2001）的 MTAR 单位根检验理论进行介绍，并对其进行扩展研究，在均值方程含外生性结构突变的情况下，讨论 MTAR 模型的单位根检验，用 Monte Carlo 模拟和 Bootstrap 的方法得到其临界值及检验尺度和检验功效。

3.2.1　单位根检验的假设设定

模型（2.13）是 MTAR 模型的一般形式，本书现考虑如下形式的 2 体制 MTAR 模型：

$$
\Delta X_t = \sum_{i=1}^{2} \{\rho_i X_{t-1} + r'_t \beta_i + dx'_t \alpha_i\} I(\Delta X_{t-d} \in A_i(\gamma)) + \varepsilon_t
$$

$$
= \sum_{i=1}^{2} \theta'_i x_t I(\Delta X_{t-d} \in A_i(\gamma)) + \varepsilon_t
$$

$$
I(\Delta X_{t-d} \in A_1(\gamma)) = \begin{cases} 1, & (\Delta X_{t-d} \leqslant \gamma) \\ 0, & (\Delta X_{t-d} > \gamma) \end{cases} \tag{3.5}
$$

其中，r_t 是包含截距项或（和）时间趋势项的确定性成分，β_i 是 r_t 的系数向量；$dx_t = (\Delta X_{t-1}, \Delta X_{t-2}, \cdots, \Delta X_{t-k})'$，$\theta_i = [\rho_i, \beta'_i, \alpha'_i]'$，$x_t = [X_{t-1}, r'_t, dx'_t]'$。这样，式（3.5）就与 ADF 单位根检验式有一致的形式。门限值 γ 未知，但其取值范围为 $\Lambda = [\gamma_1, \gamma_2]$，$\gamma_1$ 和 γ_2 满足条件 $P(\Delta X_{t-d} < \gamma_1) = \pi_1$ 以及 $P(\Delta X_{t-d} > \gamma_2) = \pi_2$，通常情况下，要求 π_1，π_2 对称取值，即满足条件：$\pi_1 + \pi_2 = 1$。由于门限变量为差分变量，当 X_t 为平稳或 $I(1)$ 过程时，此设定能保证该变量为具有连续概率分布函数的平稳遍历过程。

为了能顺利推导得到后续结果，还需对 MTAR 模型（3.5）的随机误差项 ε_t 和模型参数做以下必要假定，

假设 3.1：

（a）随机误差项 ε_t 是有界概率密度函数下的零均值独立同分布过程；

（b）存在 $r > 2$，使得 $E|\varepsilon_t|^{2r} < \infty$ 能成立；

（c）模型参数满足约束 $\rho_i = 0$，$r'_t \beta_i = \mu_i$，$|\alpha'_i \mathbf{1}| < 1 (i = 1, 2)$，其中，$\mu_1$ 和 μ_2 是常数，$\mathbf{1}$ 是包含 k 个 1 的列向量。

参数约束假设 $\rho_i = 0$ 保证了 X_t 是 $I(1)$ 的过程，对 β_i 的约束表明 ΔX_t 的趋势成分中只有截距项，而对 α_i 的约束则足以保证 ΔX_t 是平稳遍历

过程。

根据陈（1993），式（3.5）的估计可以采用最小二乘法。对于每个可能的门限值 $\gamma \in \Lambda$，使用普通最小二乘法对式（3.5）进行估计，得到：

$$\Delta X_t = \sum_{i=1}^{2} \{ \hat{\rho}_i(\gamma) X_{t-1} + r'_t \hat{\beta}_i(\gamma) + dx'_t \hat{\alpha}_i(\gamma) \} I(\Delta X_{t-d} \in A_i(\gamma)) + \hat{\varepsilon}_t(\gamma)$$

$$(3.6)$$

对于固定的 d 来说，通过最小化式（3.6），得到门限的估计值 $\hat{\gamma}$：

$$\hat{\gamma} = \underset{\gamma \in \Lambda}{\mathrm{argmin}} \, T^{-1} \sum_{t=1}^{T} \hat{\varepsilon}_t(\gamma)^2 \qquad (3.7)$$

将式（3.7）中估计得到的 $\hat{\gamma}$ 代入式（3.5）进行估计，得到 MTAR 模型（3.5）的估计值 $\hat{\rho}_i = \hat{\rho}_i(\hat{\gamma})$，$\hat{\beta}_i = \hat{\beta}_i(\hat{\gamma})$，$\hat{\alpha}_i = \hat{\alpha}_i(\hat{\gamma})$，代入式（3.6）得到 $\hat{\varepsilon}_t = \hat{\varepsilon}_t(\hat{\gamma})$。

令 $\hat{\sigma}^2 = T^{-1} \sum_{t=1}^{T} \hat{\varepsilon}_t^2$ 为残差的方差估计值，则对 MTAR 模型（3.6）进行单位根检验的检验统计量，可以用估计系数 $\hat{\rho}_i$ 的 t 统计量（其概率分布并非 t 分布）进行检验。

为了讨论 MTAR 模型（3.5）的单位根检验问题，首先对单位根检验的原假设 H_0 和备择假设 H_1 进行说明。在式（3.5）中，估计参数 $\hat{\rho}_i$ 是影响 X_t 平稳性（为平稳或 $I(1)$ MTAR 过程）的系数，因而，原假设 H_0 自然被设定为：

$$H_0 : \rho_1 = \rho_2 = 0 \qquad (3.8)$$

当原假设式（3.8）成立时，X_t 是含有单位根的 MTAR 过程。备择假设是 X_t 为平稳遍历的 MTAR 过程，从第 2 章讨论门限自回归模型的平稳遍历性的内容中，我们知道，当自回归阶数 $p = 1$ 时，$\rho_1 < 0$，$\rho_2 < 0$ 且 $(1 + \rho_1)(1 + \rho_2) < 1$ 成立，则 X_t 平稳遍历。因而，备择假设 H_1 设定为：

$$H_1 : \rho_1 < 0, \ \text{且} \ \rho_2 < 0 \qquad (3.9)$$

因而，对 MTAR 模型（3.5）的单位根检验问题，可以围绕原假设 H_0（3.8）和备择假设 H_1（3.9）进行讨论。坎纳尔和汉森（CH，2001）对该问题进行了较为细致的研究，3.2.2 小节将重点对坎纳尔和汉森（CH，2001）的检验方法进行说明。

3.2.2　坎纳尔和汉森（CH，2001）检验

在坎纳尔和汉森（CH，2001）中，对于备择假设的考虑做了更多详

细的分析。由于原假设是 H_0：$\rho_1 = \rho_2 = 0$，拒绝原假设 H_0 时，除了备择假设 H_1（3.9）之外，可能还包含其他备择假设，如：

$$H_2: \rho_1 < 0,\ \rho_2 = 0;\ 或者\ \rho_1 = 0,\ \rho_2 < 0 \qquad (3.10)$$

备择假设 H_2 考虑了两个体制中的其中一个体制含有单位根的情形，此时原序列是一个非平稳的过程，但并非是一个典型的单位根过程。坎纳尔和汉森（CH，2001）在 H_0 假设下，讨论了检验不同备择假设的检验统计量。

在原假设 H_0（3.8）下，对于备择假设为 H_1 和 H_2 时，坎纳尔和汉森（CH，2001）用模型（3.5）中的 ρ_1、ρ_2 两个估计参数的 t 统计量的平方和构造的统计量（$Wald$ 检验统计量）进行检验，该统计量表示如下：

$$TS_1 = t_1^2 + t_2^2 \qquad (3.11)$$

t_1 和 t_2 是 ρ_1、ρ_2 的 t 统计量，式（3.11）的 TS_1 统计量可以对模型（3.5）中的 ρ_1、ρ_2 估计值显著偏离 0 时进行检验，但从备择假设可以观察到，主要是对 ρ_1、ρ_2 的负偏离进行检验，即是单向偏离检验问题。TS_1 统计量是双向偏离检验，因而，检验功效不会很好。坎纳尔和汉森（CH，2001）提出了使用如下的单向 $Wald$ 检验统计量：

$$TS_2 = t_1^2 1_{\{\hat{\rho}_1 < 0\}} + t_2^2 1_{\{\hat{\rho}_2 < 0\}} \qquad (3.12)$$

式（3.12）表明，只有当 $\hat{\rho}_i < 0 (i = 1,\ 2)$ 成立时，才在式（3.12）TS_2 统计量中计算对应的 t 值，因而，可以提高对备择假设 H_1 和 H_2 的检验功效。但是，无论 TS_1 统计量还是 TS_2 统计量都无法反映出是 $\hat{\rho}_1 < 0$ 还是 $\hat{\rho}_2 < 0$，不能对备择假设 H_1 和 H_2 进行识别。坎纳尔和汉森（CH，2001）建议单独使用 t_1、t_2 值构造各自的检验统计量，考虑到估计参数 $\hat{\rho}_i < 0 (i = 1,\ 2)$，因而，分别使用 $-t_1$、$-t_2$ 作为检验 $\hat{\rho}_1 < 0$ 和 $\hat{\rho}_2 < 0$ 的检验统计量。上述检验统计量中 TS_1、TS_2、$-t_1$、$-t_2$ 都是 $\hat{\rho}_i$ 的 t 值的连续函数，因而，可以用式（3.12）进行统一表示：

$$TS = R(t_1,\ t_2) = \begin{cases} H_1: & \begin{array}{l} TS_1 \\ TS_2 \end{array} \\ H_2: & \begin{array}{l} -t_1 \\ -t_2 \end{array} \end{cases} \qquad (3.13)$$

在式（3.13）中，$R(t_1,\ t_2)$ 表示连续函数，满足当 TS 统计量的值较大时拒绝式（3.8）的 H_0 假设。在做假设检验时，需要知道 TS 统计量的一定显著性水平下的临界值才能确定检验结论。这样就必须知道 TS 统计量的样本分布，坎纳尔和汉森（CH，2001）对上述统计量在不同情况下的大样本渐近分布进行了推导，本书只对其结论进行简要说明。

在分析 MTAR 单位根检验的原假设 H_0（3.8）时，我们注意到该原假设与有门限效应和无门限效应的两种情况都是兼容的。对于模型（3.5），除了系数 ρ_1、ρ_2 之外，两个体制内其他任何估计量的不同也会导致 $\theta_1 \neq \theta_2$，从而存在门限效应。因而，坎纳尔和汉森（CH，2001）对这两种情况下的单位根检验统计量的渐近分布情况均进行了推导。

3.2.2.1　无门限效应时 TS 的渐近分布

定理 3.1：在假设 3.1 下，当 MTAR 模型（3.5）中 $\theta_1 = \theta_2$ 时，则：

$$(t_1,\ t_2) \xrightarrow{d} (t_1(u^*),\ t_2\ (u^*)) \tag{3.14}$$

$$TS \xrightarrow{d} R(t_1(u^*),\ t_2(u^*)) \leqslant \sup_{u \in [\pi_1, \pi_2]} R(t_1(u),\ t_2(u))$$

其中，$t_1(u) = \dfrac{\displaystyle\int_0^1 W^*(s)dW(s, u)}{\left(u\displaystyle\int_0^1 W^*(s)^2 ds\right)^{\frac{1}{2}}}$，$t_2(u) = \dfrac{\displaystyle\int_0^1 W^*(s)(dW(s, 1) - dW(s, u))}{\left((1-u)\displaystyle\int_0^1 W^*(s)^2 ds\right)^{\frac{1}{2}}}$

$u^* = \underset{u \in [\pi_1, \pi_2]}{\operatorname{argmax}} T(u)$, $W^*(s) = W(s) - \displaystyle\int_0^1 W(a)r(a)'da\left(\displaystyle\int_0^1 r(a)r(a)'da\right)^{-1}r(s)$ 。

定理 3.1 表明，TS 统计量与 $t_i(u)(i = 1,\ 2)$ 的概率分布收敛到 u^* 处的取值，并且可以发现，$t_1(u)$ 和 $t_2(u)$ 在区间 $[0,\ 1]$ 上是对称的，$t_1(u)$ 与 $t_2(1-u)$ 表示的是完全相同的概率分布函数。此外，还可以发现 TS 统计量与 $t_i(u)$ 统计量都取决于冗余参数 u，冗余参数 u 的最佳取值 $u^* = \underset{u \in [\pi_1, \pi_2]}{\operatorname{argmax}} T(u)$。对于不同的序列而言，如果已经确定 $u \in [\pi_1,\ \pi_2]$ 的范围，u^* 的取值就是一个概率取值的问题。因此，若 π_1 和 π_2 的取值确定，则 u^* 的取值在均匀分布 $[\pi_1,\ \pi_2]$ 上，从而可以对 TS 统计量与 $t_i(u)$ 统计量的临界值进行模拟，坎纳尔和汉森（CH，2001）模拟得到的临界值如表 3.6 所示。

3.2.2.2　存在门限效应时 TS 的渐近分布

坎纳尔和汉森（CH，2001）指出，当 $\theta_1 \neq \theta_2$ 时，TS 检验统计量的渐近分布由下面定理 3.2 给出。

定理 3.2：在假设 3.1 下，当 MTAR 模型（3.5）中 $\theta_1 \neq \theta_2$ 时，如果 $E(\Delta X_t) = 0$ 且长期方差 $\sigma_X^2 = \displaystyle\sum_{k=-\infty}^{\infty} E(\Delta X_t \Delta X_{t+k}) > 0$，则：

$$- t_1 \xrightarrow{d} (1 - \delta_1)^{\frac{1}{2}} Z_1 + \delta_1 DF \ll DF$$

$$- t_2 \xrightarrow{d} (1 - \delta_2)^{\frac{1}{2}} Z_2 + \delta_2 DF \ll DF \qquad (3.15)$$

其中，$\delta_1 = \dfrac{\sum\limits_{k=-\infty}^{\infty} E(e_t 1_{|\Delta X_{t-d} < \gamma_0|} \Delta X_{t+k})}{(E(e_t^2 G(\gamma_0) \sigma_X^2))^{\frac{1}{2}}}$，$\delta_2 = \dfrac{\sum\limits_{k=-\infty}^{\infty} E(e_t 1_{|\Delta X_{t-d} \geqslant \gamma_0|} \Delta X_{t+k})}{(E(e_t^2 G(\gamma_0) \sigma_X^2))^{\frac{1}{2}}}$，$DF =$

$-\dfrac{\int_0^1 W^* dW(s)}{(\int_0^1 W^{*2} ds)^{\frac{1}{2}}}$，式（3.14）中 Z_1、Z_2 满足，

$$\binom{Z_1}{Z_2} \sim N\left(\binom{0}{0}, \begin{pmatrix} 1 & \sigma_{21} \\ \sigma_{12} & 1 \end{pmatrix} \right);$$

同时，TS_1 收敛到：

$$TS_1 \xrightarrow{d} \chi_1^2 + (\sqrt{1 - a^2} Z + aDF)^2 \ll \chi_1^2 + DF^2 \qquad (3.16)$$

其中，χ_1^2 是自由为 1 的卡方分布，且独立于 $Z \sim N(0, 1)$；$a = \sqrt{\delta_1^2 + \delta_2^2} \in [0, 1]$。

定理 3.2 表明，当存在门限效应时，t 统计量的渐近分布是正态分布和 DF 分布的线性组合，而这个分布取决于未知参数 δ_1 和 δ_2；而 TS_1 统计量服从一个正态分布与 DF 分布的线性组合的平方，再加上独立的 χ^2 分布而得到的一个复杂概率分布。尽管如此，定理 3.2 的结论给出了上述检验统计量上限的极限分布。

定理 3.1 与定理 3.2 的主要区分在于，是否存在门限效应。当无门限效应时，门限值 γ 不可识别，因而，被转化为 u^* 的一个概率取值的问题。而当存在门限效应时，此时门限的估计值 $\hat{\gamma}$ 在大样本下将收敛到真实值 γ_0，因而，在大样本下，t 统计量和 TS_1 统计量的渐近分布与 γ_0 已知的情形下的分布函数是一致的。

3.2.3 均值突变的 2 体制 MTAR 单位根检验

本小节作为对坎纳尔和汉森 CH（2001）的一个扩展研究，主要讨论当 MTAR 序列的均值发生外生性结构突变时，考察上述检验统计量的渐近临界值以及有限样本下的检验功效及检验尺度。

皮隆（1989，1990）讨论了结构突变对时间序列单位根检验的影响。

分别考虑了脉冲式冲击、水平冲击以及两者兼有的情况这三类结构突变。其中，脉冲式冲击在单位根的原假设下，将导致序列水平方向的突变，即均值发生水平漂移，

原假设下的模型为：

$$Model(A)：X_t = \mu + \delta DP_t + X_{t-1} + \varepsilon_t \tag{3.17}$$

其中，$DP_t = \begin{cases} 1, & t = t_b \\ 0, & t \neq t_b \end{cases}$ 表示脉冲式冲击，μ 为漂移项，$\varepsilon_t \sim iid(0, \sigma_\varepsilon^2)$。

备择假设下的模型为：

$$Model(A')：X_t = \mu_1 + \beta t + (\mu_2 - \mu_1)DU_t + \varepsilon_t \tag{3.18}$$

本小节主要针对上述 $Model$（A'）的情况，分析均值方程存在外生性结构突变的 MTAR 模型。考虑模型设定如下：

$$\Delta X_t = \sum_{i=1}^{2} \{\rho_i X_{t-1} + r_t' \beta_i + dx_t' \alpha_i\} I(\Delta X_{t-d} \in A_i(\gamma)) + \delta DP_t + \varepsilon_t$$

$$I(\Delta X_{t-d} \in A_1(\gamma)) = \begin{cases} 1, & (\Delta X_{t-d} \leq \gamma) \\ 0, & (\Delta X_{t-d} > \gamma) \end{cases}$$

$$DP_t = \begin{cases} 1, & t = t_b \\ 0, & t \neq t_b \end{cases} \tag{3.19}$$

其中，r_t、β_i、$dx_t = (\Delta X_{t-1}, \Delta X_{t-2}, \cdots, \Delta X_{t-k})'$ 等与式（3.5）的设定一致。

为与坎纳尔和汉森（CH，2001）的结果形成对比，本书模拟临界值时采用的数据生成过程为含结构突变的单位根过程：

$$\Delta X_t = \delta DP_t + \varepsilon_t \tag{3.20}$$

δ 为任意实数，不影响模拟结果。由定理 3.2 可知，在不存在门限效应时，TS 统计量存在与数据过程本身无关而只与冗余参数 u 有关的渐近分布，即只与门限变量的取值范围 $\gamma \in \Lambda$ 有关。该渐近分布的临界值可以通过直接模拟得到，本小节就对均值发生外生性结构突变时的四个检验统计量的渐近分布临界值进行模拟。皮隆（1990）采取的是对结构突变序列先进行退势和退均值，即 X_t 对常数项（和时间趋势项）以及结构突变虚拟变量 DU_t 进行回归，再用得到的残差进行单位根检验式的估计。本书采用的估计方法与之不同，主要考虑到序列本身的非对称性会影响结构突变虚拟变量的回归估计值的有效性。因而，本书采用的是同时将突变点虚拟变量考虑到 MTAR 的估计方程中一并进行估计，即直接用式（3.19）进行估计。取 $T = 2000$，去除初始值 200 个，模拟 5000 次，对于三个不同的门

限变量范围 $\gamma \in \Lambda$ ($\Lambda_1 = [0.05, 0.95]$, $\Lambda_2 = [0.10, 0.90]$, $\Lambda_3 = [0.15, 0.85]$),得到四个统计量的 80% , 90% , 95% , 99% 的分位点如表 3.3 ~ 表 3.5 所示。

从表中临界值可以看到,随着突变点位置向中心位置的移动,四个检验统计量在相同分位点上的分位值都逐渐增大。

表 3.3 　　　　当 $\gamma \in \Lambda_1$ 时各检验统计量的渐近分布临界值①

分位点	TS_2	TS_1	$-t_1$	$-t_2$	TS_2	TS_1	$-t_1$	$-t_2$	TS_2	TS_1	$-t_1$	$-t_2$
	$l_b = 0.1$				$l_b = 0.2$				$l_b = 0.3$			
0.80	9.47	9.98	2.46	2.50	10.42	10.73	2.53	2.59	11.42	11.61	2.66	2.63
0.90	12.61	12.97	2.91	2.96	13.71	13.86	3.00	3.06	14.45	14.56	3.15	3.14
0.95	16.16	16.52	3.37	3.35	16.74	16.84	3.40	3.41	18.39	18.46	3.52	3.51
0.99	21.84	21.84	4.07	4.03	24.82	24.94	4.13	4.08	27.80	27.84	4.28	4.31
	$l_b = 0.4$				$l_b = 0.5$							
0.80	11.91	12.01	2.69	2.75	12.22	12.30	2.78	2.81				
0.90	15.47	15.51	3.17	3.21	15.90	16.05	3.24	3.26				
0.95	19.46	19.66	3.54	3.62	20.11	20.19	3.71	3.75				
0.99	28.43	28.43	4.31	4.33	28.97	28.97	4.38	4.39				

表 3.4 　　　　当 $\gamma \in \Lambda_2$ 时各检验统计量的渐近分布临界值

分位点	TS_2	TS_1	$-t_1$	$-t_2$	TS_2	TS_1	$-t_1$	$-t_2$	TS_2	TS_1	$-t_1$	$-t_2$
	$l_b = 0.1$				$l_b = 0.2$				$l_b = 0.3$			
0.80	9.27	9.71	2.42	2.44	10.35	10.78	2.48	2.51	11.29	11.81	2.64	2.62
0.90	12.53	12.78	2.88	2.92	13.40	13.61	2.94	2.99	14.69	14.88	3.16	3.16
0.95	15.59	15.93	3.35	3.32	16.38	16.53	3.44	3.44	18.03	18.15	3.53	3.53
0.99	21.11	21.18	4.00	4.03	24.26	24.32	4.16	4.13	26.62	26.65	4.23	4.26
	$l_b = 0.4$				$l_b = 0.5$							
0.80	11.74	11.98	2.67	2.72	11.90	12.11	2.74	2.76				
0.90	15.06	15.21	3.15	3.15	15.39	15.57	3.22	3.22				
0.95	18.73	18.96	3.57	3.61	19.25	19.49	3.67	3.70				
0.99	27.11	27.14	4.25	4.29	27.63	27.69	4.32	4.33				

① 记式(3.19)中 $t_b = l_b \times T$,表中 l_b 表示均值突变位置的在 T 上的分位点。 $\gamma \in \Lambda_1$, Λ_2 , Λ_3 在后文中,也记为 $trim = 0.05, 0.10, 0.15$ 。

表 3.5　　　　　　　当 $\gamma \in \Lambda_3$ 时各检验统计量的渐近分布临界值

分位点	TS_2	TS_1	$-t_1$	$-t_2$	TS_2	TS_1	$-t_1$	$-t_2$	TS_2	TS_1	$-t_1$	$-t_2$
	$l_b = 0.1$				$l_b = 0.2$				$l_b = 0.3$			
0.80	9.06	9.43	2.38	2.37	10.27	10.82	2.42	2.43	11.16	12.00	2.62	2.61
0.90	12.45	12.58	2.84	2.87	13.08	13.35	2.88	2.92	14.93	15.19	3.16	3.17
0.95	15.01	15.34	3.32	3.29	16.02	16.21	3.47	3.46	17.66	17.84	3.53	3.55
0.99	20.38	20.52	3.93	4.02	23.69	23.69	4.19	4.17	25.46	25.48	4.17	4.20
	$l_b = 0.4$				$l_b = 0.5$							
0.80	11.57	11.94	2.65	2.68	11.57	11.91	2.70	2.69				
0.90	14.65	14.90	3.13	3.09	14.87	15.08	3.19	3.17				
0.95	17.99	18.25	3.60	3.59	18.39	18.79	3.62	3.65				
0.99	25.84	25.85	4.19	4.22	26.28	26.41	4.25	4.26				

　　将上述结果与 CH（2001）的结果（表 3.6）进行对比，可以发现，含有均值结构突变时，四个统计量的临界值都向右移动了，即临界值增大了。以 $\gamma \in \Lambda_3 = [.15, .85]$ 为例，在 95% 的分位点上，TS_2、TS_1、$-t_1$ 统计量分别从 12.75、13.24、3.26 增大到 15.01、15.34 和 3.32。

表 3.6　　无门限效应下 MTAR 单位根检验的渐近临界值表（CH2001）

检验统计量	门限区间	临界值			
		20%	10%	5%	1%
TS_2	[0.15, 0.85]	8.78	10.84	12.75	16.97
	[0.10, 0.90]	9.01	11.09	13	17.23
	[0.05, 0.95]	9.26	11.35	13.29	17.51
TS_1	[0.15, 0.85]	9.23	11.31	13.24	17.5
	[0.10, 0.90]	9.55	11.66	13.59	17.85
	[0.05, 0.95]	9.93	12.04	14.03	18.24
$-t_1$, $-t_2$	[0.15, 0.85]	2.61	2.97	3.26	3.82
	[0.10, 0.90]	2.66	3.01	3.31	3.85
	[0.05, 0.95]	2.71	3.05	3.34	3.89

图 3.2 是 $\gamma \in \Lambda_3$ 时，模拟得到的三个检验统计量的渐近分布函数核密度图。图中 $R1$、$R2$ 分别代表的是 TS_1 和 TS_2，与 χ^2 分布形态类似；$-t$ 则代表 $-t_1$ 和 $-t_2$，其形态与 t 分布相似。每个图中的曲线依次代表各个突变点位置模拟得到的检验统计量的渐近分布函数核密度图。

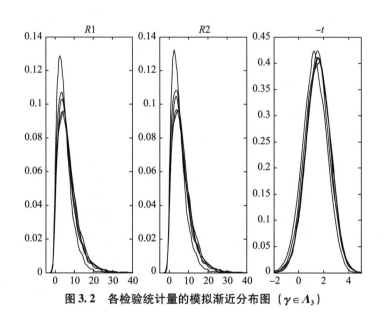

图 3.2　各检验统计量的模拟渐近分布图（$\gamma \in \Lambda_3$）

本书还对上述统计量的检验尺度和检验功效进行了 Monte Carlo 模拟试验。考虑到目前较为常用的门限变量取值为 $\gamma \in \Lambda_3$，因而，以表 3.5 作为临界值表，按照 5% 的显著性水平取临界值。模拟的数据生成过程为模型（3.19），r_t 只包含截距项、无滞后项 dx_t，分别取（$b_{11}=1$，$b_{21}=1$）、（$b_{11}=0.2$，$b_{21}=0.2$）、（$b_{11}=0.9$，$b_{21}=0.9$）[①]。模拟采用样本容量分别为 $T=100$，200，350，500，各模拟 5000 次。

由于突变位置的对称效果，本书只报告了 $l_b=0.2$ 和 $l_b=0.5$ 的小样本检验尺度和检验功效，结果如表 3.7 所示。

---

① 这里的 $b_{ij}=1+\rho_i$，ρ_i 对应于式（3.19），（$b_{11}=1$，$b_{21}=1$）为模拟检验尺度参数，其他为模拟检验功效参数，后文类似。

表 3.7　　　　MTAR 模型各单位根检验统计量的检验尺度和检验功效

样本容量		TS_2	TS_1	$-t_1$	$-t_2$	TS_2	TS_1	$-t_1$	$-t_2$
		$b_{11}=1$, $b_{21}=1$							
		$l_b=0.2$				$l_b=0.5$			
检验尺度	100	0.22	0.21	0.16	0.14	0.23	0.22	0.16	0.17
	200	0.15	0.15	0.10	0.09	0.15	0.14	0.09	0.09
	350	0.12	0.12	0.09	0.07	0.09	0.09	0.08	0.06
	500	0.10	0.10	0.06	0.07	0.07	0.06	0.04	0.05
		$b_{11}=0.2$, $b_{21}=0.2$							
		$l_b=0.2$				$l_b=0.5$			
	100	1.00	1.00	0.99	0.98	1.00	1.00	0.99	1.00
	200	1.00	1.00	0.99	1.00	1.00	1.00	1.00	1.00
	350	1.00	1.00	1.00	1.00	1.00	1.00	1.00	1.00
检验功效	500	1.00	1.00	1.00	1.00	1.00	1.00	1.00	1.00
		$b_{11}=0.9$, $b_{21}=0.9$							
		$l_b=0.2$				$l_b=0.5$			
	100	0.63	0.62	0.35	0.40	0.59	0.58	0.36	0.38
	200	0.83	0.83	0.49	0.51	0.77	0.76	0.50	0.48
	350	0.99	0.98	0.68	0.65	0.97	0.97	0.67	0.66
	500	1.00	1.00	0.75	0.74	1.00	1.00	0.77	0.78

　　从检验结果看，通过 Monte Carlo 模拟得到的渐近临界值其总体检验效果较好，检验功效非常高，但是检验尺度偏大，尤其在小样本下，高达 0.2 以上。

　　实际研究中，还可以采用 bootstrap 方法得到临界值并进行检验。CH (2001) 指出，当门限效应不能识别（unidentified）的时候，在有限样本下的 bootstrap 检验可设定两种情况，即有门限效应和无门限效应。对于门限效应可识别的情况，此时 bootstrap 采用估计出来的参数（$\hat{\rho}_1$，$\hat{\beta}_1$，$\hat{\alpha}_1$，$\hat{\rho}_2$，$\hat{\beta}_2$，$\hat{\alpha}_2$，$\hat{\gamma}$，$\hat{F}$），其中，$\hat{F}$ 为估计方程残差的概率分布函数；由于原假设是 MTAR 单位根过程，因而，在使用 bootstrap 方法时，需要约束估计参数 $\hat{\rho}_1$ 和 $\hat{\rho}_1$ 等于 0，即 bootstrap 过程中，进行样本自举的参数为（0，

$\hat{\beta}_1$，$\hat{\alpha}_1$，0，$\hat{\beta}_2$，$\hat{\alpha}_2$，$\hat{\gamma}$，$\hat{F}$）。考虑到在 CH（2001）的模拟结果中，该方法的检验尺度和检验功效都存在较大失真。本书采取第二种 bootstrap 检验方法，即假定门限效应为不可识别。

当门限效应不可识别时，实际上是施加了 $\theta_1 = \theta_2$ 的约束，再加上单位根过程约束 $\rho_1 = \rho_2 = 0$，此时，可以用线性 AR 模型对原序列进行回归，得到线性估计参数 $(\tilde{\rho},\ \tilde{\alpha},\ \widetilde{F})$，bootstrap 的自举序列为 $\Delta y_t^b = \Delta y_{t-1}^b \tilde{\alpha} + e_t^b$，$e_t^b$ 从线性估计得到的 $\widetilde{F}$ 中随机抽取。对得到的 bootstrap 的自举序列进行估计，计算四个统计量的 bootstrap 值。上述过程不断重复，得到 bootstrap 分布，并通过该分布得到 bootstrap 临界值。

本书通过 bootstrap 临界值，对各个检验统计量进行检验尺度和检验功效的模拟。由于计算量非常大，bootstrap 模拟设定为循环模拟 500 次，每次循环中进行 200 次 bootstrap，样本容量分别为 $T = 100$，$T = 200$，$T = 350$，$T = 500$。

模拟的数据生成过程为模型（3.19），r_t 只包含截距项、无滞后项 dx_t，分别取 $(b_{11} = 1,\ b_{21} = 1)$ 和 $(b_{11} = 0.9,\ b_{21} = 0.9)$。

表 3.8　　bootstrap 方法 MTAR 模型各单位根检验统计量的检验尺度

样本容量	TS_2	TS_1	$-t_1$	$-t_2$	TS_2	TS_1	$-t_1$	$-t_2$	TS_2	TS_1	$-t_1$	$-t_2$
	$l_b = 0.1$				$l_b = 0.2$				$l_b = 0.3$			
100	0.10	0.10	0.11	0.08	0.05	0.07	0.04	0.06	0.10	0.11	0.09	0.07
200	0.07	0.07	0.09	0.11	0.10	0.09	0.05	0.07	0.10	0.09	0.05	0.09
350	0.05	0.05	0.07	0.08	0.07	0.07	0.08	0.08	0.04	0.05	0.08	0.04
500	0.08	0.09	0.10	0.08	0.06	0.06	0.08	0.05	0.06	0.05	0.06	0.06
	$l_b = 0.4$				$l_b = 0.5$							
100	0.11	0.10	0.08	0.07	0.09	0.07	0.04	0.10				
200	0.07	0.05	0.05	0.07	0.08	0.08	0.10	0.07				
350	0.09	0.09	0.08	0.08	0.07	0.07	0.10	0.07				
500	0.08	0.07	0.09	0.06	0.09	0.08	0.06	0.07				

表 3. 9　　　bootstrap 方法 MTAR 模型各单位根检验统计量的检验功效

样本容量	TS_2	TS_1	$-t_1$	$-t_2$	TS_2	TS_1	$-t_1$	$-t_2$	TS_2	TS_1	$-t_1$	$-t_2$
	$l_b = 0.1$				$l_b = 0.2$				$l_b = 0.3$			
100	0.63	0.62	0.48	0.47	0.58	0.58	0.40	0.40	0.62	0.62	0.46	0.45
200	0.85	0.89	0.54	0.56	0.88	0.88	0.56	0.65	0.88	0.90	0.57	0.62
350	1.00	1.00	0.67	0.69	1.00	1.00	0.77	0.70	1.00	1.00	0.74	0.71
500	1.00	1.00	0.75	0.79	1.00	1.00	0.87	0.85	1.00	1.00	0.83	0.84
	$l_b = 0.4$				$l_b = 0.5$							
100	0.68	0.68	0.47	0.52	0.74	0.74	0.51	0.60				
200	0.91	0.91	0.62	0.63	0.91	0.91	0.65	0.58				
350	1.00	1.00	0.80	0.75	1.00	1.00	0.79	0.77				
500	1.00	1.00	0.86	0.87	1.00	1.00	0.81	0.86				

　　表 3.8 和表 3.9 显示，bootstrap 方法的总体检验效果较好，检验尺度方面，尽管得到明显改善，但仍然偏大；检验功效也有一定改善。各个检验统计量的 bootstrap 方法在较小样本容量下的检验尺度都可以保持在 10% 及以下的水平。从检验功效看，TS_1 和 TS_2 的检验效果好于 $-t$。

　　此外，还可以看到，bootstrap 方法在各个不同的突变位置进行检验的效果区别不明显，检验尺度对各个样本容量也并不敏感，因而，非常适合在做小样本单位根检验时使用。

3.3　3 体制 MTAR 模型的单位根检验

　　对于 3 体制门限自回归模型，在实际应用研究中，尤其是在价格调整、汇率波动等研究领域，讨论比较多的是 EQ - TAR 和 Band - TAR 等特殊形式的门限自回归模型。这些模型的一个特点是中间体制为单位根过程。由第 2 章对门限模型的平稳性讨论可知，3 体制的门限自回归模型的平稳性完全由两个外体制决定，因而，EQ - TAR 和 Band - TAR 这类模型既在实际应用中有价值，在模型设定方面又比较简洁，且这种设定有利于对其平稳性问题的探讨。本节讨论 3 体制 MTAR 模型的单位根检验，主要考虑对 3 体制的 EQ – MTAR 过程进行分析。

3.3.1 单位根检验的假设设定

将 CH（2001）模型推广到 3 体制的对称 EQ – MTAR 模型设定如下：

$$\Delta X_t = \theta_1' x_{t-1} 1_{(\Delta X_{t-d} < -\gamma)} + \theta_2' x_{t-1} 1_{(\Delta X_{t-d} > \gamma)} + \varepsilon_t \qquad (3.21)$$

其中，$\theta_l = [\rho_i, \ \beta_i', \ \alpha_i']'$，$x_t = [X_{t-1}, \ r_t', \ dx_t']'$；$r_t$ 是包含截距项或（和）时间趋势项的确定性成分向量，β_i 是 r_t 的系数向量；$dx_t = (\Delta X_{t-1}, \Delta X_{t-2}, \cdots, \Delta X_{t-k})'$。$\varepsilon_t$ 为服从假设 3.1 的独立同分布零均值过程。

可以观察到，模型（3.21）没有对中间过程做任何设定，此时，中间过程对应的实际上被约束为单位根过程。这个模型只需对两个外体制进行估计，且模型的两个门限值的绝对值相等，符号相反，即 $-\gamma_1 = \gamma_2 = \gamma > 0$。

对上述模型进行单位检验，与模型（3.5）类似，原假设 H_0 和备择假设 H_1 设定为：

$$H_0 : \rho_1 = \rho_2 = 0$$
$$H_1 : \rho_1 < 0, \ \text{或} \ \rho_2 < 0 \qquad (3.22)$$

这个检验中的备择假设已经包含了 CH（2001）中四个统计量分别对应的四种不同单位根的检验情形。

3.3.2 3 体制 MTAR 单位根检验的渐近分布理论

本小节是将 CH（2001）中 2 体制 MTAR 模型的渐近分布理论扩展到 3 体制 MTAR 模型进行研究。由于模型设定与 CH（2001）类似，对误差项的假定是一致的，因而，本小节采用与坎纳尔和汉森（CH，2001）类似的技术方法对检验统计量的渐近性质进行分析。

为方便分析，首先假设 $G(\cdot)$ 为 ΔX_{t-d} 的概率分布函数，$\pi_1 = G(\gamma_1)$，$\pi_2 = G(\gamma_2)$，定义 $1_{t-1}(u) = 1_{(G(\Delta X_{t-d}) < u)} = 1_{(U_{t-1} < u)}$。如果门限效应存在，即 $\theta_1 \neq \theta_2$，门限值 γ_0 可识别，令 $u_0 = G(\gamma_0)$。对于 $u < u_0$，可以得到：

$$
\begin{aligned}
\Delta X_t &= \theta_1' x_{t-1} 1_{(\Delta X_{t-d} < -\gamma_0)} + \theta_2' x_{t-1} 1_{(\Delta X_{t-d} > \gamma_0)} + \varepsilon_t \\
&= \theta_1' x_{t-1} 1_{(U_{t-1} < 1-u_0)} + \theta_2' x_{t-1} 1_{(U_{t-1} > u_0)} + \varepsilon_t \\
&= \theta_1' x_{t-1} 1_{(U_{t-1} < 1-u)} + \theta_2' x_{t-1} 1_{(U_{t-1} > u)} - \theta_2' x_{t-1} 1_{(u < U_{t-1} \le u_0)} \\
&\quad + \theta_1' x_{t-1} 1_{(1-u_0 \le U_{t-1} < 1-u)} + \varepsilon_t
\end{aligned}
$$

因对称关系，$1_{(u < U_{t-1} \le u_0)} = 1_{(1-u_0 \le U_{t-1} < 1-u)}$ 能够成立。在原假设 H_0 下：

$\rho_1 = \rho_2 = 0$, 则:

$$\Delta X_t = \theta_1' x_{t-1} 1_{(U_{t-1} < 1-u)} + \theta_2' x_{t-1} 1_{(U_{t-1} > u)} + (\theta_1' - \theta_2') x_{t-1} 1_{(u < U_{t-1} \leqslant u_0)} + \varepsilon_t$$

$$= \theta_1' x_{t-1} 1_{(U_{t-1} < 1-u)} + \theta_2' x_{t-1} 1_{(U_{t-1} > u)} + ((\mu_1 - \mu_2)$$

$$+ (\alpha_1 - \alpha_2) w_{t-1}) 1_{(u < U_{t-1} \leqslant u_0)} + \varepsilon_t$$

其中, w_{t-1} 为中心化的 dx_t。又由 CH (2001) 中式 ($A.20$), 可知上式单位根检验的 t 统计量, 用矩阵形式可表示为:

$$t_1(u) = \frac{N_T^*(u) + A_T(u)}{(D_T^*(u) \hat{\sigma}^2(u))^{1/2}} \tag{3.23}$$

其中, $N_T^*(u)$ 与 $D_T^*(u)$ 定义与 CH (2001) 中 ($A.16$) 式定义相同。$A_T(u)$ 表达式为:

$$A_T(u) = \frac{1}{T} \sum_t y_{t-1}^*(u) [(\mu_1 - \mu_2) + (\alpha_1 - \alpha_2) w_{t-1}] 1_{(u < U_{t-1} \leqslant u_0)},$$

式中 y_{t-1}^* 是 $y_{t-1} 1_{(U_{t-1} < u)}$ 在 $x_{t-1} 1_{(U_{t-1} < 1-u)}$ 和 $x_{t-1} 1_{(U_{t-1} > u)}$ 空间的投影。

CH (2001) 已证明在假设 3.1 下, $A_T(u)$ 将依概率收敛到 0。因而, $t_1(u)$ 转化为式 (3.24):

$$t_1(u) = \frac{N_T^*(u)}{(D_T^*(u) \hat{\sigma}^2(u))^{1/2}} + o_p(1) \tag{3.24}$$

式 (3.24) 中, $t_1(u)$ 由两部分组成, 但显然其分布与 $o_p(1)$ 无关, 只与前半部分有关。式中,

$$N_T^*(u) = N_T(u) - B_T(u)' C_T(u)^{-1} G_T(u)$$

$$D_T^*(u) = D_T(u) - B_T(u)' C_T(u)^{-1} B_T(u)。$$

令 $y_t^u = y_t 1_{(U_{t-1} < 1-u \cup U_{t-1} > u)}$, $a(L) \Delta X_t = \varepsilon_t$, $a = a(1)$, 则:

$$N_T(u) = \frac{1}{T} \sum_t y_{t-1}^u \varepsilon_t \xrightarrow{d} \frac{\sigma^2}{a} \int_0^1 W_u(s) dW_u(s, u),$$

$$D_T(u) = \frac{1}{T^2} \sum_t y_{t-1}^{u2} \xrightarrow{d} \frac{\sigma^2}{a^2} \int_0^1 W_u^2(s) ds$$

$$B_T(u) = \begin{bmatrix} \dfrac{1}{T^{3/2}} \sum_t r_{Tt} y_{t-1}^u 1_{t-1} (1-u) \\[2mm] \dfrac{1}{T^{3/2}} \sum_t w_{1t-1}(u) y_{t-1}^u 1_{t-1} (1-u) \end{bmatrix} \xrightarrow{d}$$

$$\begin{bmatrix} \dfrac{u\sigma}{a} \int_0^1 r(s) W_u(s) dW_u(s, 1-u) \\[2mm] 0 \end{bmatrix}$$

$$C_T(u) = \begin{bmatrix} \dfrac{1}{T}\sum_t r_{Tt}r'_{Tt}1_{t-1}(1-u) & \dfrac{1}{T}\sum_t r_{Tt}w_{1t-1}(u)'1_{t-1}(1-u) \\[2mm] \dfrac{1}{T}\sum_t r_{Tt}w_{1t-1}(u)'1_{t-1}(1-u) & \dfrac{1}{T}\sum_t w_{1t-1}(u)w_{1t-1}(u)'1_{t-1}(1-u) \end{bmatrix} \xrightarrow{d}$$

$$\begin{bmatrix} (1-u)\displaystyle\int_0^1 r(s)r(s)'ds & 0 \\[2mm] 0 & \Omega(u) \end{bmatrix}$$

$$G_T(u) = \begin{bmatrix} \dfrac{1}{T^{1/2}}\sum_t r_{Tt}\varepsilon_t 1_{t-1}(1-u) \\[2mm] \dfrac{1}{T^{1/2}}\sum_t w_{1t-1}\varepsilon_t 1_{t-1}(1-u) \end{bmatrix} \xrightarrow{d} \begin{bmatrix} \sigma\displaystyle\int_0^1 r(s)dW_u(s,1-u) \\[2mm] \sigma J_2(1-u) \end{bmatrix}$$

$\Omega(u)$ 与 $J_2(u)$ 的定义与 CH（2001）定义一致。由 CH（2001）定理 1 和定理 2 的收敛定理可知：

$$\begin{pmatrix} \dfrac{1}{\sqrt{T}}\displaystyle\sum_{t=1}^{Ts}\varepsilon_t 1_{t-1}(1-u) \\[3mm] \dfrac{1}{\sigma_y\sqrt{T}}\displaystyle\sum_{t=1}^{Ts}\Delta y_t^u \end{pmatrix} = \begin{pmatrix} W_u(s,1-u) \\[2mm] W_{u\,3}^*(s,u) \end{pmatrix}$$

$$\begin{pmatrix} \dfrac{1}{\sqrt{T(1-u_0)}}\displaystyle\sum_{t=1}^{Ts}\varepsilon_t 1_{t-1}(1-u_0) \\[3mm] \dfrac{1}{\sqrt{Tu_0}}\displaystyle\sum_{t=1}^{Ts}\varepsilon_t 1_{t-1}(u_0) \\[3mm] \dfrac{1}{\sigma_y\sqrt{T}}\displaystyle\sum_{t=1}^{Ts}\Delta y_t^u \end{pmatrix} \xrightarrow{d} \begin{pmatrix} W_1^*(s,u_0) \\[2mm] W_2^*(s,u_0) \\[2mm] W_3^*(s,u) \end{pmatrix}$$

将上述结果代到 $D_T^*(u)$ 和 $N_T^*(u)$ 表达式中，可以得到：

$$D_T^*(u) = \frac{\sigma^2}{a^2}\int_0^1 W_u^2(s)ds - \left\{\frac{u\sigma}{a}\int_0^1 r(s)W_u(s)dW_u(s,1-u)\right\}^2 \left((1-u)\int_0^1 r(s)r(s)'ds\right)^{-1}$$

$$= \frac{\sigma^2}{a^2}\left(\int_0^1 W_u^2(s)ds - \frac{u^2\left(\int_0^1 r(s)W_u(s)dW_u(s,1-u)\right)^2}{(1-u)\int_0^1 r(s)r(s)'ds}\right)$$

$$N_T^*(u) = \frac{\sigma^2}{a}\int_0^1 W_u(s)dW_u(s,u) - \begin{bmatrix} \dfrac{u\sigma}{a}\displaystyle\int_0^1 r(s)W_u(s)dW_u(s,1-u) \\[2mm] 0 \end{bmatrix}'$$

$$\begin{bmatrix} (1-u)\int_0^1 r(s)r(s)'ds & 0 \\ 0 & \Omega(u) \end{bmatrix}^{-1} \begin{bmatrix} \sigma\int_0^1 r(s)dW_u(s,\,1-u) \\ \sigma J_2(1-u) \end{bmatrix}$$

$$= \frac{\sigma^2}{a}\left(\int_0^1 W_u(s)dW_u(s,\,u) - \frac{u\int_0^1 r(s)dW_u(s,\,1-u)\int_0^1 r(s)W_u(s)dW_u(s,\,1-u)}{(1-u)\int_0^1 r(s)r(s)'ds} \right)$$

将 $D_T^*(u)$ 和 $N_T^*(u)$ 代入式（3.24），得到，

$$t_1(u) = \frac{N_T^*(u)}{(D_T^*(u)\hat{\sigma}^2(u))^{1/2}}$$

$$= \frac{\displaystyle\int_0^1 W_u(s)dW_u(s,\,u) - \frac{u\int_0^1 r(s)dW_u(s,\,1-u)\int_0^1 r(s)W_u(s)dW_u(s,\,1-u)}{(1-u)\int_0^1 r(s)r(s)'ds}}{\left(\displaystyle\int_0^1 W_u^2(s)ds - \frac{u^2\left(\int_0^1 r(s)W_u(s)dW_u(s,\,1-u)\right)^2}{(1-u)\int_0^1 r(s)r(s)'ds} \right)^{\frac{1}{2}}}$$

$$(3.25)$$

同理，可得到：

$$t_2(u) = t_1(1-u) \qquad (3.26)$$

再由 CH(2001) 定理 4 可知，存在唯一的 $u^* \in [\pi_1,\ \pi_2]$ 使得：$u^* = \underset{u\in[\pi_1,\pi_2]}{\arg\ \max}W_T(u)$。于是定理 3.3 成立。

定理 3.3：对于 3 体制 EQ – MTAR 模型（3.21），在满足假设 3.1 下，单位根检验统计量 TS 中的 $-t$ 统计量的渐近分布分别由式（3.25）、式（3.26），又由于式（3.13）中 $R(\cdot,\ \cdot)$ 是 $t_1(\cdot)$ 和 $t_2(\cdot)$ 的连续函数，由连续映射定理可以得到：

$$R(t_1,\ t_2) \xrightarrow{d} R(t_1(u^*),\ t_2(u^*)) \qquad (3.27)$$

定理 3.3 给出了 3 体制 EQ – MTAR 模型的单位根检验统计量的渐近分布。但同时也看到，这个分布与 u 有关联，即决定于 $\gamma \in \Lambda$ 的范围。由于其临界值与门限变量的取值范围有关，根据 Monte Carlo 模拟试验，设定不同的取值范围得到其渐近临界值。

在单位根的原假设下生成数据序列，用式（3.21）对序列进行建模估计，

根据各统计量的定义式进行计算单位根检验统计量的估计值。取 $T = 2000$，去除初始值 200 个，对于三个不同的门限变量范围 $\gamma \in \Lambda$（$trim = 0.05$，0.10，0.15），循环模拟 5000 次，得到四个统计量的 80%，90%，95%，99% 的分位点如表 3.10 所示。

表 3.10　　　　　EQ－MTAR 单位根检验统计量的渐近临界值

分位点	TS_2	TS_1	$-t_1$	$-t_2$	TS_2	TS_1	$-t_1$	$-t_2$	TS_2	TS_1	$-t_1$	$-t_2$
	$trim = 0.05$				$trim = 0.10$				$trim = 0.15$			
0.80	5.95	6.03	1.83	1.81	6.15	6.22	1.89	1.91	6.24	6.33	1.87	1.88
0.90	7.83	7.93	2.19	2.15	8.03	8.12	2.23	2.24	8.17	8.26	2.26	2.25
0.95	9.35	9.39	2.49	2.42	9.79	9.85	2.54	2.55	10.02	10.05	2.59	2.58
0.99	13.12	13.17	3.12	3.09	14.05	14.08	3.21	3.25	15.50	15.50	3.32	3.38

我们发现，3 体制 MTAR 的单位根检验各统计量的临界值比 2 体制 MTAR 的临界值要小。图 3.3 为模拟得到的各个统计量的分布图，每个图中的曲线依次为不同门限区间模拟得到的检验统计量的渐近分布函数核密度图。

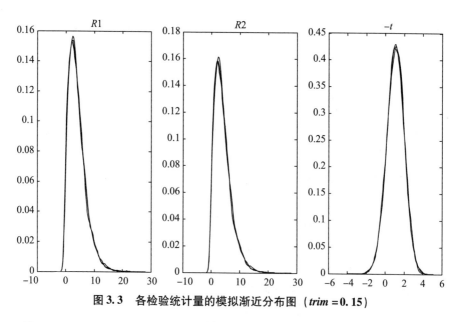

图 3.3　各检验统计量的模拟渐近分布图 （$trim = 0.15$）

用表 3.10 中 5% 显著水平的临界值，本书对有限样本下的检验功效与检验尺度进行了模拟试验。

表 3.11　　EQ – MTAR 单位根检验的检验尺度和检验功效

样本容量		TS_2	TS_1	$-t_1$	$-t_2$	TS_2	TS_1	$-t_1$	$-t_2$
		$b_{11}=1$，$b_{21}=1$							
		$trim=0.10$				$trim=0.15$			
检验尺度	100	0.15	0.15	0.14	0.16	0.15	0.15	0.15	0.15
	200	0.11	0.11	0.11	0.13	0.11	0.11	0.11	0.11
	350	0.08	0.08	0.08	0.10	0.08	0.08	0.08	0.09
	500	0.06	0.06	0.05	0.05	0.07	0.07	0.06	0.05
		$b_{11}=0.2$，$b_{21}=0.2$							
		$trim=0.10$				$trim=0.15$			
检验功效	100	0.98	0.98	0.98	0.99	0.98	0.99	0.99	0.99
	200	0.99	1.00	1.00	0.99	0.99	0.99	0.99	1.00
	350	1.00	1.00	1.00	1.00	1.00	1.00	1.00	1.00
	500	1.00	1.000	1.00	1.00	1.00	1.00	1.00	1.00
		$b_{11}=0.9$，$b_{21}=0.9$							
		$trim=0.10$				$trim=0.15$			
	100	0.25	0.25	0.18	0.17	0.27	0.27	0.18	0.20
	200	0.74	0.74	0.41	0.40	0.76	0.76	0.41	0.44
	350	0.91	0.93	0.74	0.72	0.93	0.92	0.71	0.74
	500	1.00	0.99	0.89	0.90	1.00	1.00	0.90	0.92

表 3.11 结果显示，样本容量较小时各检验统计量的检验尺度偏大，但随样本容量增大而改善，检验功效也较高。因而，使用渐近临界值的检验效果良好。

3.3.3　均值突变的 3 体制 MTAR 模型单位根检验

与 3.2.3 类似，本小节对均值方程存在外生性结构突变的 3 体制 MTAR 模型的单位根检验问题进行模拟研究，以期得到各个检验统计量的渐近临界值以及单位根检验尺度和检验功效。对于模型（3.21），当存在均值突变时，模型设定如下：

$$\Delta X_t = \theta_1' x_{t-1} 1_{(\Delta X_{t-d} < -\gamma)} + \theta_2' x_{t-1} 1_{(\Delta X_{t-d} > \gamma)} + \delta DP_t + \varepsilon_t$$

$$DP_t = \begin{cases} 1, & t = t_b \\ 0, & t \neq t_b \end{cases} \tag{3.28}$$

式（3.28）中各符号与（3.21）一致，DP_t 表示差分序列的一个脉冲冲击，导致序列水平均值发生变化。本节首先使用 Monte Carlo 模拟的方法得到其大样本下的渐近临界值，模拟的数据过程为原假设下不存在门限效应且含均值突变的单位根模型：

$$\Delta X_t = \delta DP_t + \varepsilon_t \tag{3.29}$$

在没有均值突变的情况下，当原假设不存在门限效应的单位根过程时，TS 统计量存在与数据过程本身无关而只与冗余参数 u 有关的渐近分布，即只与门限变量的取值范围 $\gamma \in \Lambda$ 有关。本小节，在模拟中加入均值突变位置对渐近分布的临界值的影响。与3.2.3 小节一样，本小节采用的估计方法也是同时将突变点虚拟变量考虑到 MTAR 的估计方程中一并进行估计，即采用式（3.28）直接进行估计，而没有预先对序列进行退势和退均值。取 $T = 2000$，去除初始值 200 个，对于三个不同的门限变量范围 $trim = 0.05$，$trim = 0.10$，$trim = 0.15$，各模拟 5000 次，得到各个突变点位置下，四个统计量的80%，90%，95%，99%的分位点如表 3.12 ~ 表 3.14 所示。

表 3.12   EQ – MTAR 单位根检验的渐近临界值表（$trim = 0.05$）

分位点	TS_2	TS_1	$-t_1$	$-t_2$	TS_2	TS_1	$-t_1$	$-t_2$	TS_2	TS_1	$-t_1$	$-t_2$
	\multicolumn{4}{c}{$l = 0.1$}									
0.80	7.60	7.64	2.07	2.04	9.20	9.23	2.24	2.26	9.74	9.97	2.34	2.33
0.90	10.15	10.18	2.49	2.48	12.42	12.52	2.69	2.71	13.00	13.81	2.73	2.75
0.95	12.69	12.71	2.84	2.78	15.31	15.61	3.06	3.05	15.81	16.25	3.13	3.09
0.99	17.90	17.90	3.45	3.49	22.40	22.60	3.70	3.76	24.64	24.93	3.84	3.78
	\multicolumn{4}{c}{$l = 0.4$}									
0.80	10.45	10.47	2.37	2.41	10.63	10.81	2.43	2.44				
0.90	13.71	14.72	2.78	2.83	13.98	14.76	2.85	2.87				
0.95	16.53	17.23	3.12	3.16	16.84	17.26	3.19	3.17				
0.99	24.94	25.16	3.78	3.81	25.30	25.77	3.86	3.89				

表 3.13　　EQ – MTAR 单位根检验的渐近临界值表（*trim* = 0.10）

分位点	TS_2	TS_1	$-t_1$	$-t_2$	TS_2	TS_1	$-t_1$	$-t_2$	TS_2	TS_1	$-t_1$	$-t_2$
	$l = 0.1$				$l = 0.2$				$l = 0.3$			
0.80	7.68	7.76	2.06	2.07	9.31	9.42	2.28	2.29	9.84	10.26	2.33	2.32
0.90	10.19	10.21	2.49	2.47	12.58	12.80	2.75	2.78	13.29	13.90	2.79	2.78
0.95	12.79	12.98	2.82	2.86	15.77	15.95	3.14	3.12	16.31	16.52	3.17	3.19
0.99	19.32	19.97	3.54	3.55	23.09	23.23	3.81	3.81	25.05	25.24	3.89	3.88
	$l = 0.4$				$l = 0.5$							
0.80	10.61	10.73	2.39	2.42	10.75	10.96	2.49	2.47				
0.90	13.79	14.88	2.82	2.84	14.21	14.91	2.88	2.89				
0.95	17.03	17.35	3.19	3.22	17.49	17.69	3.22	3.24				
0.99	25.66	25.82	3.80	3.82	26.17	26.31	3.89	3.90				

表 3.14　　EQ – MTAR 单位根检验的渐近临界值表（*trim* = 0.15）

分位点	TS_2	TS_1	$-t_1$	$-t_2$	TS_2	TS_1	$-t_1$	$-t_2$	TS_2	TS_1	$-t_1$	$-t_2$
	$l = 0.1$				$l = 0.2$				$l = 0.3$			
0.80	7.96	8.02	2.12	2.11	9.48	9.50	2.28	2.30	9.90	9.90	2.36	2.35
0.90	10.70	10.74	2.55	2.57	12.69	12.72	2.75	2.76	13.37	13.38	2.84	2.85
0.95	13.59	13.60	2.89	2.92	15.93	16.31	3.17	3.18	16.62	16.89	3.20	3.18
0.99	20.33	20.33	3.58	3.65	24.23	24.32	3.85	3.87	25.71	25.83	3.91	3.89
	$l = 0.4$				$l = 0.5$							
0.80	10.50	10.51	2.41	2.41	10.75	10.76	2.42	2.45				
0.90	14.08	14.16	2.86	2.87	14.20	14.20	2.88	2.90				
0.95	17.64	17.69	3.26	3.27	18.08	18.08	3.29	3.28				
0.99	26.74	26.84	3.96	3.95	27.40	27.40	4.02	3.97				

各检验统计量的模拟渐近分布如图 3.4 所示。

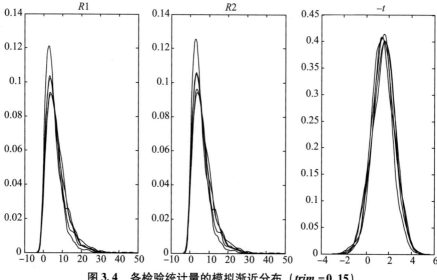

图 3.4　各检验统计量的模拟渐近分布（$trim = 0.15$）

　　本书选取了 $trim = 0.15$，$l_b = 0.2$ 和 $l_b = 0.5$ 时，对各个检验统计量在有限样本下的检验尺度和检验功效进行 Monte Carlo 模拟，分别取（$b_{11} = 1$，$b_{21} = 1$）、（$b_{11} = 0.2$，$b_{21} = 0.2$）、（$b_{11} = 0.9$，$b_{21} = 0.9$），模拟样本容量分别为 $T = 100$，$T = 200$，$T = 350$，$T = 500$，各模拟 5000 次。模拟结果如表3.15 所示。

表 3.15　　　　　　　　EQ－MTAR 单位根检验的检验功效和检验尺度

样本容量		TS_2	TS_1	$-t_1$	$-t_2$	TS_2	TS_1	$-t_1$	$-t_2$
		$b_{11} = 1$，$b_{21} = 1$							
		$l_b = 0.2$				$l_b = 0.5$			
检验 尺度	100	0.13	0.13	0.13	0.14	0.12	0.12	0.08	0.11
	200	0.11	0.11	0.12	0.13	0.07	0.07	0.07	0.08
	350	0.08	0.08	0.09	0.08	0.06	0.06	0.04	0.05
	500	0.07	0.07	0.06	0.08	0.04	0.04	0.04	0.05

续表

样本容量	TS_2	TS_1	$-t_1$	$-t_2$	TS_2	TS_1	$-t_1$	$-t_2$
	$b_{11}=0.2$, $b_{21}=0.2$							
	$l_b=0.2$				$l_b=0.5$			
100	1.000	1.000	0.991	0.991	1.000	1.000	0.979	0.985
200	1.000	1.000	1.000	1.000	1.000	1.000	1.000	1.000
350	1.000	1.000	1.000	1.000	1.000	1.000	1.000	1.000
500	1.000	1.000	1.000	1.000	1.000	1.000	1.000	1.000
	$b_{11}=0.9$, $b_{21}=0.9$							
	$l_b=0.2$				$l_b=0.5$			
100	0.262	0.262	0.248	0.234	0.166	0.166	0.127	0.134
200	0.610	0.610	0.429	0.440	0.400	0.400	0.234	0.275
350	0.958	0.958	0.732	0.693	0.869	0.869	0.516	0.531
500	0.999	0.999	0.853	0.865	0.984	0.984	0.762	0.734

（检验功效为左侧首列标注）

表 3.15 显示，渐近临界值表的检验尺度依然偏高，尤其是在小样本下的时候，超过了 0.1。在（$b_{11}=0.2$，$b_{21}=0.2$）的检验功效模适中，模拟得到的检验效果良好，小样本下的检验功效也非常高，而对于（$b_{11}=0.9$，$b_{21}=0.9$），在小样本下的模拟功效比较低，在突变点为 $l_b=0.2$ 时，只有 0.25 左右，当突变点为 $l_b=0.5$，更低至 0.15 左右。模拟结果显示 TS_1 和 TS_2 统计量的检验效果比 $-t$ 统计量的检验效果好。

本书还对比了 bootstrap 方法的检验效果。通过 bootstrap 临界值进行检验尺度和检验功效的模拟试验，采用的 bootstrap 模拟方法与 3.2.3 中相同，分别取分别取（$b_{11}=1$，$b_{21}=1$）、（$b_{11}=0.9$，$b_{21}=0.9$），模拟样本容量分别为 $T=100$，$T=200$，$T=350$，$T=500$，各模拟 5000 次。

表 3.16 和表 3.17 的模拟结果显示，小样本下 bootstrap 方法的检验尺度和检验功效均好于使用渐近临界值进行检验的结果；而在大样本下，bootstrap 方法的检验尺度反而偏高，建议使用渐近临界值进行检验。

表 3.16   bootstrap 方法 EQ – MTAR 模型各个检验统计量的检验尺度

样本容量	TS_2	TS_1	$-t_1$	$-t_2$	TS_2	TS_1	$-t_1$	$-t_2$	TS_2	TS_1	$-t_1$	$-t_2$
	$l_b = 0.1$				$l_b = 0.2$				$l_b = 0.3$			
100	0.11	0.07	0.13	0.08	0.09	0.05	0.12	0.09	0.14	0.10	0.16	0.08
200	0.15	0.13	0.16	0.14	0.14	0.14	0.16	0.14	0.17	0.14	0.17	0.15
350	0.17	0.11	0.13	0.11	0.19	0.09	0.16	0.14	0.16	0.13	0.12	0.10
500	0.13	0.19	0.15	0.21	0.20	0.21	0.16	0.23	0.17	0.20	0.16	0.21
	$l_b = 0.4$				$l_b = 0.5$							
100	0.16	0.11	0.17	0.08	0.19	0.14	0.19	0.07				
200	0.17	0.14	0.18	0.16	0.19	0.14	0.19	0.16				
350	0.15	0.09	0.11	0.09	0.14	0.09	0.09	0.07				
500	0.15	0.19	0.16	0.20	0.23	0.19	0.16	0.19				

表 3.17   bootstrap 方法 EQ – MTAR 模型各个检验统计量的检验功效

样本容量	TS_2	TS_1	$-t_1$	$-t_2$	TS_2	TS_1	$-t_1$	$-t_2$	TS_2	TS_1	$-t_1$	$-t_2$
	$l_b = 0.1$				$l_b = 0.2$				$l_b = 0.3$			
100	0.78	0.78	0.67	0.60	0.81	0.81	0.70	0.61	0.74	0.74	0.64	0.59
200	0.92	0.92	0.78	0.79	0.95	0.95	0.81	0.79	0.90	0.90	0.74	0.79
350	1.00	1.00	0.95	0.94	1.00	1.00	1.00	0.93	1.00	1.00	0.90	0.94
500	1.00	1.00	1.00	1.00	1.00	1.00	1.00	1.00	1.00	1.00	1.00	1.00
	$l_b = 0.4$				$l_b = 0.5$							
100	0.73	0.73	0.63	0.59	0.70	0.70	0.60	0.58				
200	0.89	0.89	0.73	0.79	0.86	0.86	0.70	0.79				
350	1.00	1.00	0.89	0.95	1.00	1.00	0.84	0.95				
500	1.00	1.00	1.00	1.00	1.00	1.00	1.00	1.00				

3.4　非平稳与非线性的联合检验

坎纳尔和汉森（2001）对 MTAR 模型的单位根检验和门限效应检验无疑分成两个步骤。本节讨论 MTAR 模型的非平稳性和非线性的联合检验问题。将坎纳尔和汉森（2001）的模型简化成如下形式：

$$\Delta X_t = (w_{t-1}\theta_1 + \rho_1 X_{t-1})I(Z_{t-1} \leqslant \gamma) + (w_{t-1}\theta_2 + \rho_2 X_{t-1})I(Z_{t-1} > \gamma) + \varepsilon_t$$

$$(3.30)$$

其中，$w_{t-1} = (1, t)$，$\theta_l = (\mu_i, \delta_i)'$，$Z_t = \Delta X_t$ 是门限变量，γ 是门限值。$\gamma \in \Gamma = [\gamma_1, \gamma_2]$ 是门限变量的取值范围。Γ 的上下限取值满足 $P(z_{t-1} \leqslant \gamma_1) = \pi_1 > 0$ 和 $P(z_{t-1} \leqslant \gamma_2) = \pi_2 < 1$。与坎纳尔和汉森（2001）类似，可将 $I(Z_{t-1} \leqslant \gamma)$ 写成 $I(Z_{t-1} \leqslant \gamma) = I(G(Z_{t-1}) \leqslant G(\gamma)) = I(U_{t-1} \leqslant \lambda)$，$G(\cdot)$ 和 U 的定义与坎纳尔和汉森（2001）一致。

将 $(\mu_i, \delta_i, \rho_i)$ 记为 Ψ_i，坎纳尔和汉森（2001）在假定存在单位根的情形（包含了有截距项和无截距项）下，推导了检验门限效应 $\Psi_1 = \Psi_2$ 的 Wald 统计量的渐近分布。皮特拉基斯（Pitarakis, 2012）在式（3.30）模型设定下，用 Wald 统计量对原假设 $H_0: \theta_1 = \theta_2$，$\rho_1 = \rho_2 = 0$ 进行联合检验，并研究了其渐近分布的收敛性。

沿用 $\Psi_i = (\mu_i, \delta_i, \rho_i)$，皮特拉基斯（2012）将式（3.30）记为，$\Delta Y = X_1\Psi_1 + X_2\Psi_2 + \varepsilon$，令 $V = [X_1, X_2]$，$\Delta Y = V\Psi + \varepsilon$，$\Psi = (\Psi_1, \Psi_2)$。于是检验 H_0 的 Wald 统计量就可以表示为：

$$W_T(\lambda) = \hat{\Psi}'R'[R(V'V)^{-1}R']^{-1}R\hat{\Psi}/\hat{\sigma}^2 \qquad (3.31)$$

其中，约束矩阵，

$$R = \begin{bmatrix} 1 & 0 & 0 & -1 & 0 & 0 \\ 0 & 1 & 0 & 0 & -1 & 0 \\ 0 & 0 & 1 & 0 & 0 & 0 \\ 0 & 0 & 0 & 0 & 0 & 1 \end{bmatrix}$$

记 $DF_{\tau,\infty}$ 为带截距项和时间趋势项的 ADF 单位根检验式的 t 检验统计量的渐近分布，参见汉密尔顿（Hamilton, 1994）第 17 章（pp. 499 – 450）。皮特拉基斯（2012）指出，Wald 统计量的渐近分布可由下面的定理给出。

定理 3.4：在 CH（2001）的模型假设下，检验 $H_0: \theta_1 = \theta_2$，$\rho_1 = \rho_2 = 0$

的 $Wald$ 统计量 $W_T(\lambda)$ 存在如下渐近分布：

$$\sup_{\lambda} W_T(\lambda) \xrightarrow{T \to \infty} \sup_{\lambda} BB(\lambda)/\lambda(1-\lambda) + DF_{\tau,\infty}^2 \qquad (3.32)$$

$BB(\lambda)$ 是布朗桥运动，皮特拉基斯（2012）给出了上述渐近分布的在各分位数上的分位值（见表 3.18）和该检验统计量的检验尺度（见表 3.19）。

表 3.18　　　　　MTAR 的单位根和非线性联合检验的渐近临界值表

λ	0.50	0.90	0.95	0.98	0.99
0.05	13.74	20.77	23.34	25.41	28.77
0.10	13.14	20.20	22.77	24.78	27.89
0.15	12.61	19.61	21.87	24.18	26.45

表 3.19　　　　　MTAR 的单位根和非线性联合检验的检验尺度

Nominal	0.025	0.05	0.10
$T=200$	0.03	0.06	0.11
$T=400$	0.03	0.5	0.11
$T=800$	0.02	0.04	0.10

此外，皮特拉基斯（2012）考虑了一个类似单位根检验中菲利普斯和皮隆提出的一个局部线性化的模型（phillips and perron，1988），即将 H_0 中 $\rho_1 = \rho_2 = 0$ 的检验设定替换成 $\rho_1 = \rho_2 = \dfrac{c}{T}$，$c < 0$；而确定性成分的系数则仍设定为不变。此时，定义 $DF_{\tau,\infty}(c)$ 为检验下面模型中 $\rho = 0$ 的 t 检验统计量的渐近分布：

$$\Delta X_t = \mu + \delta t + \rho X_{t-1} + \varepsilon_t \qquad (3.33)$$

其中，X_t 的数据生成过程为：$\Delta X_t = \left(\dfrac{c}{T}\right) X_{t-1} + \varepsilon_t$，为近似单位根过程。则此时检验 H_0'：$\theta_1 = \theta_2$，$\rho_1 = \rho_2 = \dfrac{c}{T}$ 的 $Wald$ 检验统计量的渐近分布由下面定理给出：

定理 3.5：在 CH（2001）的模型假设下，检验在 CH（2001）的模型假设下，检验 H_0' 的 $Wald$ 检验统计量 $W_T(\lambda)$，W_T，当 $T \to \infty$ 时：

$$\sup_{\lambda} W_T(\lambda) \xrightarrow{d} \sup_{\lambda} BB(\lambda)/\lambda(1-\lambda) + DF(c)_{\tau,\infty}^2 \qquad (3.34)$$

　　上述结果给出了 $Wald$ 检验统计量 $W_T(\lambda)$ 在局部线性化模型中对近似单位根过程检验的渐近性质。$W_T(\lambda)$ 渐近分布的第一部分没有受到影响，第二部分的 DF 统计量与数据生成过程中的 c 有关。皮特拉基斯（2012）给出了在 $T = 200$ 时，不同 c 下的检验尺度，如表 3.20 所示。

表 3.20　　　　　　MTAR 的单位根和非线性联合检验的检验尺度

c	−1	−10	−15	−20	−25	−30	−35	−40	−50
$T = 200$	0.03	0.11	0.19	0.33	0.52	0.70	0.85	0.94	0.99

3.5　本章小结

　　本章讨论了 MTAR 模型单位根检验方法的相关理论。首先，从传统单位根检验方法对各类非线性时间序列的单位根检验效果出发，本书进行了 Monte Carlo 模拟，得到了各个检验方法对不同类型的非线性时间序列的单位根检验尺度和检验功效，并得到三个结论：一是对于多数类型的非线性平稳数据过程与线性平稳数据过程相比，在使用传统单位根检验方法时其检验功效相差并不算大；二是对于非线性时间序列而言，非对称度对检验结果的影响远没有序列中的持续性成分影响大；三是多数检验统计量都存在检验尺度失真的情况，存在过度拒绝单位根现象。因此，有必要从非线性模型的理论层面，对非线性时间序列的单位根检验进行探讨。

　　本章 3.2 节和 3.3 节分别讨论了 2 体制 MTAR 模型和 3 体制 MTAR 模型的单位根检验理论。3.2 节先从坎纳尔和汉森（CH，2001）的单位根检验方法及渐近分布理论出发，本书对该方法在序列均值发生外生性结构突变时的检验效果进行了研究，考察了坎纳尔和汉森（CH，2001）中各个检验统计量在该条件下的渐近临界值和相应的检验功效及检验尺度，并采用 bootstrap 方法研究了坎纳尔和汉森（CH，2001）中各个检验统计量的检验功效及检验尺度。模拟结果显示，均值突变下的渐近临界值比坎纳尔和汉森（CH，2001）的渐近临界值向右偏移，临界值增大了，且随着突变点位置向中心位置移动，临界值逐渐增大。在检验尺度和检验功效方面，使用渐近临界值方法的在样本容量较小时检验尺度偏高，随着样本容量增大逐渐改善，检验功效则较好；使用 bootstrap 方法的检验尺度和检验功效总体都得到了改善，尤其小样本下检验尺度改善效果较为明显。

3.3 节是本书在坎纳尔和汉森（CH，2001）的 2 体制 MTAR 模型单位根检验理论的基础上，将该检验理论扩展到 3 体制 MTAR 模型，推导得到了检验统计量的渐近分布理论，并用 Monte Carlo 模拟的方法研究了其有限样本性质；对比研究了采用渐近临界值和 bootstrap 临界值进行检验的检验尺度和检验功效，模拟结果显示，小样本下的检验尺度偏高；均值发生外生突变的情况下，本书的模拟结果显示各个检验统计量的检验功效及检验尺度仍有较好的表现；而采用 bootstrap 方法在样本容量增大时，反而检验尺度增大了。

根据本章前两节的结果，总体上，TS_1 和 TS_2 的检验效果要好于 $-t$ 检验统计量的检验效果。最后，考虑到本章关于 MTAR 模型的单位根检验和门限效应检验是分步完成的，3.4 节讨论 MTAR 模型的非平稳性和非线性的联合检验问题，采用了 Wald 检验统计量，该统计量收敛到布朗桥分布与 DF 分布相加的一个复杂分布。

第 4 章

SETAR 模型的单位根检验

第 3 章讨论了 MTAR 模型的单位根检验理论,本章将对 SETAR 模型的单位根检验理论进行讨论,SETAR 模型被广泛应用到各类经济问题的分析中,如恩德斯和霍克(Enders and Falk,2007)用非线性模型对美国的 GDP 序列进行了研究,发现 GDP 序列是一个非线性 SETAR 过程;泰勒(2001)发现,使用线性模型对汇率序列建模研究持续性和均值回复问题会有很大偏倚,使用 SETAR 进行建模并取得很好的拟合效果;梅耶尔和克拉蒙(Meyer and Cramon,2004)对门限模型在价格调整领域的研究做了详尽的综述;靳晓婷和张晓峒等(2008)用人民币对美元名义汇率差分序列进行了计量研究,通过建立基于不同时间段汇率数据的门限自回归模型(TAR)发现,人民币汇率波动存在门限的非线性特征。而在 SETAR 模型的实际应用中,也常涉及讨论 SETAR 模型是否存在单位根的问题。本章将先后分别对 2 体制 SETAR 模型和 3 体制 SETAR 模型的单位根检验统计量及其渐近分布理论进行探讨,并用 Monte Carlo 模拟试验的方法得到其渐近临界值,并研究其有限样本性质。

4.1 2 体制 SETAR 模型的单位根检验

2 体制 SETAR 模型设定简洁、估计方便,且模型经济含义易于理解,因而,使用最为广泛。而且很多关于门限自回归模型的理论也是从较为简单的 2 体制 SETAR 模型开始探讨,然后,再向其他类型的门限自回归模型发展。本节讨论 2 体制 SETAR 模型的单位根检验问题。

4.1.1 单位根检验的假设设定

在第 2 章中介绍了一般形式下的 SETAR 模型,本节考虑如下形式的 2

体制 SETAR 模型：

$$X_t = \begin{cases} b_{10} + b_{11}X_{t-1} + \cdots + b_{1p}X_{t-p} + u_t, & if \quad X_{t-1} \leqslant \gamma \\ b_{20} + b_{21}X_{t-1} + \cdots + b_{21}X_{t-p} + u_t, & if \quad X_{t-1} > \gamma \end{cases} \tag{4.1}$$

与第 3 章中 MTAR 模型（3.5）最大的不同是，在模型非平稳的原假设下，SETAR 模型（4.1）的门限变量 X_{t-1} 也将是一个非平稳变量。进行单位根检验时，门限变量的取值范围不能像坎纳尔和汉森（CH，2001）那样转换为 $G(u)$ 的概率函数进行讨论。

将模型（4.1）按照常见单位根检验的检验式，整理成如下形式：

$$\Delta X_t = (\rho_1 X_{t-1} + \beta_{11}\Delta X_{t-1} + \cdots + \beta_{1p-1}\Delta X_{t-p+1})1_{\{X_{t-1} \leqslant \gamma\}}$$
$$+ (\rho_2 X_{t-1} + \beta_{21}\Delta X_{t-1} + \cdots + \beta_{2p-1}\Delta X_{t-p+1})1_{\{X_{t-1} > \gamma\}} + u_t \tag{4.2}$$

于是，单位根检验的原假设和备择假设就可设定为：

$$H_0: \rho_1 = \rho_2 = 0$$
$$H_1: \rho_1 < 0, \text{ 且 } \rho_2 < 0 \tag{4.3}$$

在这种设定下，单位根检验没有区分门限效应是否可识别。

4.1.2 西奥（Seo，2008）检验的渐近性质

西奥（2008）对 SETAR 模型（4.1）的如下简化形式进行了单位根检验理论的研究：

$$X_t = \begin{cases} b_{11}X_{t-1} + u_t, & if \quad X_{t-1} \leqslant \gamma \\ b_{21}X_{t-1} + u_t, & if \quad X_{t-1} > \gamma \end{cases} \tag{4.4}$$

DF 形式：$\Delta X_t = \rho_1 X_{t-1}1_{\{X_{t-1} \leqslant \gamma\}} + \rho_2 X_{t-1}1_{\{X_{t-1} > \gamma\}} + u_t$

对于模型（4.4），西奥（2008）允许 u_t 存在序列相关。对于 u_t 存在序列相关时，一般是采用辅助估计方程进行处理，以得到式（4.4）中 ρ_1、ρ_2 的一致估计量，或构造对应的检验统计量进行偏倚修正。不同的方法，得到不同的一致估计结果，菲利普斯和皮隆（1988）通过用 ΔX_t 对常数项和 X_{t-1} 进行回归，通过对 $T(\rho-1)$ 和 t 统计量进行修正，分别得到 Z_ρ 和 Z_t 的渐近分布性质。而赛义德和迪基（Said and Dickey，1984）则提出了用 ADF 检验方法，用 ΔX_t 对常数项、X_{t-1} 以及 ΔX_t 的滞后项进行回归，得到 ρ_1、ρ_2 的一致估计量。菲利普斯和皮隆（PP 检验）的方法虽然可以在更广的范围适用，但其修正偏倚的估计难度也较大，而 ADF 检验也通常只在误差项为 ARMA 结构形式的时候才比 PP 检验有更好的表现。西奥（2008）采用了式（4.4）的如下

ADF 式进行估计：

$$\Delta X_t = \hat{\rho}_1(\gamma)X_{t-1}1_{\{X_{t-1} \leqslant \gamma\}} + \hat{\rho}_2(\gamma)X_{t-1}1_{\{X_{t-1} > \gamma\}} + dx_t'\hat{\alpha}_i(\gamma) + \hat{e}_t(\gamma)$$

(4.5)

其中，$dx_t = (\Delta X_{t-1}, \Delta X_{t-2}, \cdots, \Delta X_{t-k})'$；令 $\theta = (\rho_1, \rho_2, \alpha_1, \cdots, \alpha_p)'$，对于固定的门限值 γ，$\hat{\theta}(\gamma)$ 向量表示式（4.5）中各参数的最小二乘法估计值，$\hat{e}_t(\gamma)$ 为估计方程的残差。用 $\hat{\sigma}^2(\gamma) = \frac{1}{T}\sum_{t=p+1}^{T}\hat{e}_t(\gamma)^2$ 表示式（4.5）残差方差的估计值，$\hat{\sigma}_0^2$ 表示在 H_0 假设下的残差方差的估计值。则模型的最小二乘法估计量的值为：

$$\hat{\gamma} = \mathrm{argmin}\hat{\sigma}^2(\gamma), \ \gamma \in \Gamma$$
$$\hat{\sigma}^2 = \hat{\sigma}^2(\hat{\gamma})$$
$$\hat{\theta} = \hat{\theta}(\hat{\gamma})$$

(4.6)

如果假设 H_0 成立，则 $\hat{\sigma}^2(\hat{\gamma})$ 与 $\hat{\sigma}_0^2$ 的值应该很接近。西奥（2008）采用了如下形式的 *Wald* 统计量：

$$W_T = T\left(\frac{\hat{\sigma}_0^2}{\hat{\sigma}^2} - 1\right) = \sup_{\gamma \in \Gamma} T\left(\frac{\hat{\sigma}_0^2}{\hat{\sigma}^2(\gamma)} - 1\right) = \sup_{\gamma \in \Gamma} W_T(\gamma)$$

(4.7)

对于 Γ 的范围，以往一般采用门限变量分位数 $[\pi, 1-\pi]$ 之间的变量值，帕克和欣坦尼（Park and Shintani，2005）研究了门限变量的极限理论，认为这些随机门限取值的级数是 $O_p(\sqrt{T})$。而西奥（2008）采用了称为固定门限范围的方式，即将预留固定整数个观测值，如 $k(x)+1$ 个（$k(x)$ 为回归变量个数），其余观测值都作为门限变量的可能取值。为了得到其渐近分布，还需要做如下假设：

假设 4.1：在模型（4.4）中，$\{u_t\}$ 是零均值的严平稳过程，且存在 $\delta > 0$，使得 $E|u_t|^{2+\delta} < \infty$，$X_t = X_0 + \sum_{s=0}^{t}u_s$ 为强混合（strong mixing）过程，且其混合系数 a_m 满足关系式 $\sum_{m=1}^{\infty}a_m^{\frac{1}{2}-\frac{1}{2+\delta}} < \infty$。此外，还假设 $\{u_t\}$ 的谱密度函数在 0 处的值 $f_u(0) > 0$。

在假设 4.1 下，西奥（2008）得到了定理 4.1。

定理 4.1：如果假设 4.1 成立，且假定 $X_0 = 0$，当 $T \to \infty$ 时，

$$\frac{1}{T}\sum_t X_{t-1}1_{\{X_{t-1} \leqslant \gamma\}}u_t \xrightarrow{d} \int_0^1 W1_{\{W \leqslant 0\}}dW + \lambda\int_0^1 1_{\{W \leqslant 0\}}$$

(4.8)

其中，$\lambda = \sum_{s=1}^{\infty}r(s)$，$r(s) = E(u_tu_{t+s})$。定理 4.1 是在扩展帕克和菲

利普斯（2001）对鞅差分过程 $\{u_t\}$ 的相关结论的基础上得到的，$\{u_t\}$ 的序列相关性引入了偏倚项 $\lambda \int_0^1 1_{\{W \leqslant 0\}}$。根据 OLS 估计量的性质，定理 4.1 告诉我们，SETAR 模型下的斜率系数估计值的收敛速度与线性 ARMA 过程中的斜率系数估计值的收敛速度是一致的，即 ρ_1，ρ_2 是超一致估计量，收敛阶数为 T；α_1，$\cdots$，α_p，则是 $\sqrt{T}$ 一致的。

为了让式（4.7）的渐近分布结果更简洁地表达，定义 G_p 为（u_{t+1}，u_{t+2}，$\cdots$，u_{t+p}，）的方差协方差矩阵，定义向量 g_p、$\tilde{r}_p$、ι_p，其第 k 个元素分别为 $r(k)$、$\sum_{i=1}^{k} r(i-1)$ 和 1。定义：

$$A_{p,L} = (1 - g'_p G_p^{-1} \iota_p) \left(\int_0^1 \left(W1_{\{W \leqslant 0\}} - \int_0^1 W1_{\{W \leqslant 0\}} \right) dW + \lambda \int_0^1 W1_{\{W \leqslant 0\}} \right)$$
$$- g'_p G_p^{-1} \tilde{r}_p \int_0^1 W1_{\{W \leqslant 0\}} ;$$

$$A_{p,U} = (1 - g'_p G_p^{-1} \iota_p) \left(\int_0^1 \left(W1_{\{W > 0\}} - \int_0^1 W1_{\{W > 0\}} \right) dW + \lambda \int_0^1 W1_{\{W > 0\}} \right)$$
$$- g'_p G_p^{-1} \tilde{r}_p \int_0^1 W1_{\{W > 0\}} 。$$

式（4.7）的渐近分布结果可由下述定理 4.2 给出。

定理 4.2：如果假设 4.1 成立，且假定 $X_0 = 0$，当 $T \to \infty$ 时，

$$W_T = T \left(\frac{\hat{\sigma}_0^2}{\hat{\sigma}^2} - 1 \right) \xrightarrow{d}$$

$$(\sigma^2 - g'_p G_p^{-1} g_p)^{-1} (A_{p,L}, A_{p,U})$$

$$\begin{pmatrix} \int_0^1 \left(W1_{\{W>0\}} - \int_0^1 W1_{\{W>0\}} \right)^2 & -\int_0^1 \left(W1_{\{W>0\}} - \int_0^1 W1_{\{W>0\}} \right)\left(W1_{\{W>0\}} - \int_0^1 W1_{\{W>0\}} \right) \\ -\int_0^1 \left(W1_{\{W>0\}} - \int_0^1 W1_{\{W>0\}} \right)\left(W1_{\{W>0\}} - \int_0^1 W1_{\{W>0\}} \right) & \int_0^1 \left(W1_{\{W>0\}} - \int_0^1 W1_{\{W>0\}} \right)^2 \end{pmatrix}$$

$$\begin{pmatrix} A_{p,L} \\ A_{p,U} \end{pmatrix}$$

可以看到，这个渐近分布并非是一个标准分布，其依赖于与数据过程有关的参数，如 λ，$r(k)$ 等，主要是因假定数据为序列相关所导致。因此，其临界值与研究的样本有关，从而没有固定的临界值表。

4.1.3 西奥（2008）的扩展——估计方程含截距项

本小节将西奥（2008）的研究进行扩展，考虑如下的估计方程含截距

项的 2 体制 SETAR 模型：

$$X_t = \begin{cases} b_{10} + b_{11}X_{t-1} + u_t, & if \quad X_{t-1} \leqslant \gamma \\ b_{20} + b_{21}X_{t-1} + u_t, & if \quad X_{t-1} > \gamma \end{cases} \tag{4.9}$$

与西奥（2008）不同，本节考虑的模型（4.9）中，$\{u_t\}$ 是一个非序列相关的残差序列。上述带截距项的 SETAR 估计方程，可以写成如下形式的 *DF* 单位根检验估计方程式：

$$\Delta X_t = (b_{10} + \rho_{11}X_{t-1})1_{\{X_{t-1} \leqslant \gamma\}} + (b_{20} + \rho_{21}X_{t-1})1_{\{X_{t-1} > \gamma\}} + u_t \tag{4.10}$$

单位根检验的原假设与备择假设设定为式（4.3），*Wald* 统计量仍为 $W_T = T\left(\dfrac{\hat{\sigma}_0^2}{\hat{\sigma}^2} - 1\right)$。$\hat{\sigma}^2$ 为式（4.10）中 U_t 方差的估计值，$\hat{\sigma}_0^2$ 为无约束的估计式 $\Delta X_t = b_{10}1_{\{X_{t-1} \leqslant \gamma\}} + b_{20}1_{\{X_{t-1} > \gamma\}} + u_t$ 中 σ_u^2 的估计值。

令 $\boldsymbol{X}_t = (\,1_{\{X_{t-1} \leqslant \gamma\}} \quad 1_{\{X_{t-1} > \gamma\}} \quad X_{t-1}1_{\{X_{t-1} \leqslant \gamma\}} \quad X_{t-1}1_{\{X_{t-1} > \gamma\}})$，$\boldsymbol{X} = (\boldsymbol{X}_2, \boldsymbol{X}_3, \cdots, \boldsymbol{X}_T)'$，则：

$$\hat{\sigma}^2 = \frac{\hat{\boldsymbol{u}}'\hat{\boldsymbol{u}}}{(T-1) - k(\boldsymbol{X}_t)} = \frac{\boldsymbol{u}'(\boldsymbol{I} - \boldsymbol{X}(\boldsymbol{X}'\boldsymbol{X})^{-1}\boldsymbol{X}')\boldsymbol{u}}{T-5}$$

令 $\boldsymbol{X}_t^0 = (\,1_{\{X_{t-1} \leqslant \gamma\}} \quad 1_{\{X_{t-1} > \gamma\}})$，$\boldsymbol{X}_0 = (\boldsymbol{X}_2^0, \boldsymbol{X}_3^0, \cdots \boldsymbol{X}_T^0)'$，则：

$$\hat{\sigma}_0^2 = \frac{\hat{\boldsymbol{u}}_0'\hat{\boldsymbol{u}}_0}{(T-1) - k(\boldsymbol{X}_t^0)} = \frac{\boldsymbol{u}'(\boldsymbol{I} - \boldsymbol{X}_0(\boldsymbol{X}_0'\boldsymbol{X}_0)^{-1}\boldsymbol{X}_0')\boldsymbol{u}}{T-3}$$

将 $\hat{\sigma}^2$ 及 $\hat{\sigma}_0^2$ 代入 W_T 表达式，得到：

$$W_T = T\left(\frac{\hat{\sigma}_0^2}{\hat{\sigma}^2} - 1\right) = T\left(\frac{(T-3)\boldsymbol{u}'(\boldsymbol{I} - \boldsymbol{X}(\boldsymbol{X}'\boldsymbol{X})^{-1}\boldsymbol{X}')\boldsymbol{u}}{(T-5)\boldsymbol{u}'(\boldsymbol{I} - \boldsymbol{X}_0(\boldsymbol{X}_0'\boldsymbol{X}_0)^{-1}\boldsymbol{X}_0')\boldsymbol{u}} - 1\right) \tag{4.11}$$

为了得到 W_T 的渐近分布，首先，需要一些预备结论。

由西奥（2005）可知，$\displaystyle\sup_{0 \leqslant \gamma \leqslant \bar{\gamma}} \left| \frac{1}{T^{1+k/2}} \sum_t X_t^k 1_{\{X_t \leqslant \gamma\}} u_t \right| \leqslant \frac{\bar{\gamma}^k}{T^{1+k/2}} \sum_t |1_{\{0 < X_t \leqslant \gamma\}} u_t|$ 是 $O_p(1)$，$k = 0$，1，$\cdots$ 又由科兹和普罗特（Kurtz and Protter, 1991）和西奥（2005）的引理（Lemma 1），得到：

$$\frac{1}{T^{1+k/2}} \sum_t X_t^k 1_{\{X_t \leqslant \gamma\}} u_t \leqslant \frac{1}{T^{1+k/2}} \sum_t X_t^k 1_{\{X_t \leqslant 0\}} u_t + \frac{\bar{\gamma}^k}{T^{1+k/2}} \sum_t |1_{\{0 < X_t \leqslant \gamma\}} u_t|$$

$$= \frac{1}{T^{1+k/2}} \sum_t X_t^k 1_{\{X_t \leqslant 0\}} u_t + O_p(1)$$

$$\xrightarrow{d} \lambda_u \int_0^1 W(r)^k I(W(r) \leqslant 0) dr \tag{4.12}$$

西奥（2008）定理 1 中 $\dfrac{1}{T} \displaystyle\sum_t X_{t-1}1_{\{X_{t-1} \leqslant \gamma\}} u_t \xrightarrow{d} \sigma^2 \int_0^1 W(r)I(W(r) \leqslant$

$0) dW(r) + \lambda \int_0^1 I(W(r) \le 0) dr$，其中，$\lambda = \sum_{s=1}^{\infty} u_t u_{t+s}$。当 $\{u_t\}$ 为非序列

相关的残差序列时，$\lambda = \sum_{s=1}^{\infty} u_t u_{t+s} = 0$，$\lambda_u = \sigma^2$。结合式（4.12），从而可以

得到：当 $\{u_t\}$ 为独立同分布的残差序列时，$\dfrac{1}{T} \sum_t X_{t-1} 1_{\{X_{t-1} \le \gamma\}} u_t \xrightarrow{d}$

$\sigma^2 \int_0^1 W(r) I(W(r) \le 0) dW(r)$。该结论与帕克和菲利普斯（2001）定理

3.1 相同。由西奥（2005）的引理 1，可得到：

$$\frac{1}{T} \sum_t 1_{\{X_t \le \gamma\}} \xrightarrow{d} \int_0^1 I(W(r) \le 0) dr，记为 \int I_{W<}；$$

$$\frac{1}{T^{3/2}} \sum_t 1_{\{X_{t-1} \le \gamma\}} X_{t-1} \xrightarrow{d} \sigma \int_0^1 W(r) I(W(r) \le 0) dr，记为 \sigma \int WI_{W<}；$$

$$\frac{1}{T^2} \sum_t 1_{\{X_{t-1} \le \gamma\}} X_{t-1}^2 \xrightarrow{d} \sigma^2 \int_0^1 W^2(r) I(W(r) \le 0) dr，记为 \sigma^2 \int W^2 I_{W<}。$$

上述结论有助于对式（4.11）进行进一步分析。在式（4.11）中，

$X'X$ 与 $X_0'X_0$ 分别为：

$$X'X = \begin{pmatrix} \sum_t 1_{\{X_{t-1} \le \gamma\}} & \sum_t 1_{\{X_{t-1} \le \gamma\}} 1_{\{X_{t-1} > \gamma\}} & \sum_t 1_{\{X_{t-1} \le \gamma\}} X_{t-1} & \sum_t 1_{\{X_{t-1} \le \gamma\}} X_{t-1} 1_{\{X_{t-1} > \gamma\}} \\ \sum_t 1_{\{X_{t-1} \le \gamma\}} 1_{\{X_{t-1} > \gamma\}} & \sum_t 1_{\{X_{t-1} > \gamma\}} & \sum_t 1_{\{X_{t-1} > \gamma\}} X_{t-1} 1_{\{X_{t-1} \le \gamma\}} & \sum_t 1_{\{X_{t-1} > \gamma\}} X_{t-1} \\ \sum_t 1_{\{X_{t-1} \le \gamma\}} X_{t-1} & \sum_t 1_{\{X_{t-1} > \gamma\}} X_{t-1} 1_{\{X_{t-1} \le \gamma\}} & \sum_t 1_{\{X_{t-1} \le \gamma\}} X_{t-1}^2 & \sum_t 1_{\{X_{t-1} \le \gamma\}} 1_{\{X_{t-1} > \gamma\}} X_{t-1}^2 \\ \sum_t 1_{\{X_{t-1} > \gamma\}} 1_{\{X_{t-1} \le \gamma\}} X_{t-1} & \sum_t 1_{\{X_{t-1} > \gamma\}} X_{t-1} & \sum_t 1_{\{X_{t-1} > \gamma\}} 1_{\{X_{t-1} \le \gamma\}} X_{t-1}^2 & \sum_t 1_{\{X_{t-1} > \gamma\}} X_{t-1}^2 \end{pmatrix}$$

$$= \begin{pmatrix} \sum_t 1_{\{X_{t-1} \le \gamma\}} & 0 & \sum_t 1_{\{X_{t-1} \le \gamma\}} X_{t-1} & 0 \\ 0 & \sum_t 1_{\{X_{t-1} > \gamma\}} & 0 & \sum_t 1_{\{X_{t-1} > \gamma\}} X_{t-1} \\ \sum_t 1_{\{X_{t-1} \le \gamma\}} X_{t-1} & 0 & \sum_t 1_{\{X_{t-1} \le \gamma\}} X_{t-1}^2 & 0 \\ 0 & \sum_t 1_{\{X_{t-1} > \gamma\}} X_{t-1} & 0 & \sum_t 1_{\{X_{t-1} > \gamma\}} X_{t-1}^2 \end{pmatrix}$$

应用已有的结论，则 $(X'X)^{-1} \xrightarrow{d}$

$$\frac{\sigma^3}{M_X} \begin{pmatrix} \int I_{W>} \int W^2 I_{W<} \int W^2 I_{W>} - \left(\int WI_{W>}\right)^2 \int W^2 I_{W<} & 0 \\ 0 & \int I_{W<} \int W^2 I_{W<} \int W^2 I_{W>} - \left(\int WI_{W<}\right)^2 \int W^2 I_{W>} \\ \left(\int WI_{W>}\right)^2 \int WI_{W<} - \int WI_{W<} \int W^2 I_{W>} \int I_{W>} & 0 \\ 0 & \left(\int WI_{W<}\right)^2 \int WI_{W>} - \int WI_{W>} \int W^2 I_{W<} \int I_{W<} \end{pmatrix}$$

$$\begin{pmatrix} \int WI_{W<}\left(\int WI_{W>}\right)^2 - \int I_{W>}\int WI_{W<}\int W^2 I_{W>} & 0 \\ 0 & \int WI_{W>}\left(\int WI_{W<}\right)^2 - \int I_{W<}\int WI_{W>}\int W^2 I_{W<} \\ \int I_{W<}\int I_{W>}\int W^2 I_{W>} - \int I_{W<}\left(\int WI_{W>}\right)^2 & 0 \\ 0 & \int I_{W<}\int I_{W>}\int W^2 I_{W<} - \int I_{W>}\left(\int WI_{W<}\right)^2 \end{pmatrix}$$

$$= \begin{bmatrix} a_{11} & a_{12} & a_{13} & a_{14} \\ a_{21} & a_{22} & a_{23} & a_{24} \\ a_{31} & a_{32} & a_{33} & a_{34} \\ a_{41} & a_{42} & a_{43} & a_{44} \end{bmatrix}$$

其中，M_X 为矩阵 $X'X$ 的行列式。同理，应用上述已有结论，可得到：

$$X_0'X_0 = \begin{pmatrix} \sum_t 1_{\{X_{t-1}\leq\gamma\}} & 0 \\ 0 & \sum_t 1_{\{X_{t-1}>\gamma\}} \end{pmatrix} \xrightarrow{d} \begin{pmatrix} \int I_{W<} & 0 \\ 0 & \int I_{W>} \end{pmatrix}$$

将上述结果代入式（4.11）中进行进一步简化，得到：

$$W_T = T\left(\frac{(T-3)u'(I - X(X'X)^{-1}X')u}{(T-5)u'(I - X_0(X_0'X_0)^{-1}X_0')u} - 1\right)$$

$$\xrightarrow{d} a_{11}\int I_{W<} + a_{22}\int I_{W>} + (a_{13}+a_{31})\int WI_{W<} + (a_{24}+a_{42})$$

$$\int WI_{W>} + a_{33}\int W^2 I_{W<} + a_{44}\int W^2 I_{W>} \tag{4.13}$$

定理 4.3： 对于模型（4.9）在满足假设 4.1 的条件下，单位根检验统计量 W_T 的渐近分布由式（4.13）给出。

从定理 4.3 中可看到，该分布与样本数据过程无关，因而，可以模拟其渐近临界值。渐近临界值如表 4.1 所示。此外，从定理 4.3 的渐近分布理论可知，该分布与门限值无关，因此，本书还对不同门限值下的渐近分布临界值进行了模拟。表 4.1 的结果显示，渐近临界值是收敛的，不受门限值的取值影响。

表 4.1　　　　　　2 体制 SETAR 单位根检验的渐近临界值表

分位点	$\gamma = 0$	$\gamma = 1$	$\gamma = 2$
0.80	9.57	9.59	9.54
0.90	11.49	11.67	11.56
0.95	13.73	13.82	13.65
0.99	18.09	18.13	17.98

检验统计量的渐近分布如图 4.1 所示，图中 3 条曲线依次为三个不同门限值模拟得到的检验统计量的渐近分布函数核密度图。从图中也可以看到，该统计量的三个不同模拟渐近分布基本重合，也反映了其渐近分布不受门限值影响。

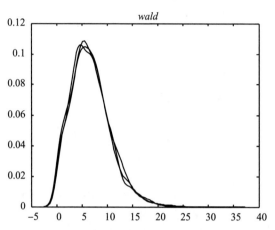

图 4.1　SETAR 单位根检验的统计量渐近分布

为了考察其实际检验效果，本书采用表 4.1 的渐近临界值进行检验尺度和检验功效的模拟实验，名义检验水平设定为 0.05。

表 4.2　　　　　　　2 体制 SETAR 单位根检验的检验尺度和检验功效

T	(1, 1)	(0.2, 0.2)	(0.9, 0.9)
100	0.03	0.85	0.21
200	0.04	0.99	0.34
350	0.04	1.00	0.59
500	0.05	1.00	0.67

从表 4.2 可以看到，渐近临界值在小样本下的检验尺度较好，从 T = 100 ~ T = 500 都在名义显著性水平 0.05 附近。而在检验功效方面，对于（0.9，0.9）系数组合则显示了较低的检验功效；对于（0.2，0.2）系数组合，其检验功效则在正常水平。本书还采用了 bootstrap 方法对 2 体制 SETAR 模型的单位根检验尺度和检验功效进行模拟试验，在本次模拟

试验中，还特意加入了对（0.2，0.9）组合在不同的门限值下的 bootstrap 模拟试验，结果如表4.3 所示。

表 4.3　2 体制 SETAR 单位根检验的 bootstrap 检验尺度和检验功效

(b_{11}, b_{21})	γ	样本容量 T			
		100	200	350	500
(1.0, 1.0)	–	0.05	0.04	0.03	0.06
(0.2, 0.2)	–	1.00	1.00	1.00	1.00
(0.9, 0.9)	–	0.27	0.48	0.63	0.79
(0.2, 0.9)	$\gamma = 0$	0.64	0.89	0.95	0.99
	$\gamma = 2$	0.67	0.90	1.00	0.99
	$\gamma = 4$	0.66	0.91	1.00	1.00
	$\gamma = 8$	0.64	0.89	0.99	1.00

表 4.3 结果显示，bootstrap 方法的检验尺度和检验功效均好于采用渐近临界值的检验结果。而对于（0.2，0.9）与 γ 的各种组合，检验结果很接近，显示了稳健的检验结论。

此外，本书还发现，在平稳条件下，*Wald* 统计量的分布函数核密度图如图 4.2 所示，其形态呈现出不对称双峰状。图 4.2 中也可看到，平稳条件下的 *Wald* 统计量值都较大，图中所示的均值在 200 附近。

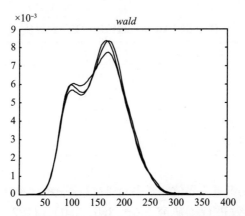

图 4.2　平稳条件下 2 体制 SETAR 的 *Wald* 统计量的分布

4.1.4　均值突变的 2 体制 SETAR 模型单位根检验

与 3.2.3 节的讨论类似，本小节主要分析均值方程存在外生性结构突变的 2 体制 SETAR 模型的单位根检验问题。用 Monte Carlo 方法研究检验统计量的渐近分布临界值、检验尺度和检验功效。考虑模型形式设定如下：

$$\Delta X_t = \rho_1 X_{t-1} 1_{\{X_{t-1} \leqslant \gamma\}} + \rho_2 X_{t-1} 1_{\{X_{t-1} > \gamma\}} + \delta DP_t + u_t$$

$$DP_t = \begin{cases} 1, & t = t_b \\ 0, & t \neq t_b \end{cases} \tag{4.14}$$

式（4.14）中的各项与式（4.4）的设定一致。

考虑到定理 4.3 中，单位根检验统计量的渐近分布与样本数据无关，该渐近分布的临界值可以通过直接模拟得到，本小节对均值方程存在外生性结构突变时的 $Wald$ 检验统计量的渐近分布临界值进行模拟。本书模拟渐近临界值时采用的数据生成过程为带均值突变的单位根过程：

$$\Delta X_t = \delta DP_t + u_t \tag{4.15}$$

估计方法仍采用的是同时将突变点虚拟变量考虑到 SETAR 的估计方程中一并进行估计，即用式（4.14）进行估计，估计过程中对固定门限范围的处理是门限变量的上下限各留 10 个观测值。取 $T = 2000$，去除初始值 200 个，模拟 5000 次得到的四个统计量的 80%，90%，95%，99% 的分位点如表 4.4 所示。

表 4.4　　　　　　2 体制 SETAR 单位根检验的渐近临界值

分位点	$l_b = 0.1$	$l_b = 0.2$	$l_b = 0.3$	$l_b = 0.4$	$l_b = 0.5$
0.80	12.94	13.33	13.69	13.99	14.24
0.90	16.70	17.02	17.26	17.76	18.18
0.95	20.41	20.98	21.11	21.69	22.25
0.99	31.37	31.95	32.76	33.20	33.94

用表 4.4 中的渐近临界值，本书对 $Wald$ 检验统计量在有限样本下的检验尺度和检验功效进行了研究。在（1.0，1.0）、（0.2，0.2）和（0.9，0.9）的系数组合下，本书对 $l_b = 0.1$ 到 $l_b = 0.5$ 的不同突变点位置都进行

了模拟试验。在不同样本下的检验尺度和检验功效如表 4.5 所示。

表 4.5 2 体制 SETAR 单位根检验的检验尺度和检验功效

(b_{11}, b_{21})	l_b	样本容量 T			
		100	200	350	500
(1.0, 1.0)	0.1	0.21	0.16	0.14	0.10
	0.2	0.22	0.17	0.13	0.09
	0.3	0.20	0.18	0.14	0.08
	0.4	0.19	0.17	0.12	0.10
	0.5	0.18	0.17	0.13	0.09
(0.2, 0.2)	0.1	0.96	0.99	1.00	1.00
	0.2	0.97	1.00	1.00	1.00
	0.3	0.98	0.99	1.00	1.00
	0.4	0.97	1.00	1.00	1.00
	0.5	0.96	1.00	1.00	1.00
(0.9, 0.9)	0.1	0.37	0.42	0.44	0.65
	0.2	0.35	0.39	0.45	0.59
	0.3	0.31	0.43	0.48	0.64
	0.4	0.36	0.41	0.51	0.62
	0.5	0.37	0.42	0.49	0.59

检验结果显示，在含结构突变时，*Wald* 检验统计量的小样本检验尺度较大，尤其在小样本下，达到 0.2 以上；随着样本容量增大，检验尺度得到改善。在检验功效方面，对于 (0.9, 0.9) 组合而言，总体检验功效偏低，在样本容量为 500 时，其检验功效在 0.6 左右。

本书通过 bootstrap 临界值，进行检验尺度和检验功效的模拟试验结果如表 4.6 所示。结果显示，bootstrap 方法的检验尺度和检验功效均高于采用渐近临界值的检验方法。

表 4.6 　　　　2 体制 SETAR 单位根检验的 bootstrap 检验尺度和检验功效

(b_{11}, b_{21})	l_b	样本容量 T			
		100	200	350	500
(1.0, 1.0)	0.1	0.09	0.08	0.08	0.07
	0.2	0.06	0.05	0.04	0.05
	0.3	0.07	0.09	0.08	0.05
	0.4	0.07	0.07	0.05	0.06
	0.5	0.06	0.05	0.05	0.04
(0.2, 0.2)	0.1	0.98	1.00	1.00	1.00
	0.2	0.98	0.98	1.00	1.00
	0.3	0.93	0.99	1.00	1.00
	0.4	0.97	0.99	1.00	1.00
	0.5	0.98	1.00	1.00	1.00
(0.9, 0.9)	0.1	0.40	0.71	0.87	1.00
	0.2	0.35	0.68	0.82	1.00
	0.3	0.38	0.72	0.85	1.00
	0.4	0.42	0.70	0.82	0.98
	0.5	0.38	0.69	0.82	1.00

4.2　3 体制 SETAR 模型的单位根检验

本节讨论 3 体制 SETAR 模型的单位根检验问题。与 3 体制的 MTAR 模型类似，本节即将讨论的 3 体制 SETAR 过程主要也是中间体制约束为单位根过程的 SETAR 模型。首先，介绍贝克、本和科拉斯克（BBC，2004）和贝克、瓜伊和盖尔（BGG，2008）的 3 体制对称门限 SETAR 的单位根检验方法，再重点对卡普坦尼尔斯和欣恩（KS，2006）的非对称 SETAR 单位根检验方法和结论进行说明，并对卡普坦尼尔斯和欣恩（KS，2006）的结论进行扩展研究。

4.2.1　BBC（2004）和 BGG（2008）检验方法

BBC（2004）考察了一个对称门限的 3 体制 SETAR 模型，即式（4.16）中满足 $\gamma_2 = -\gamma_1 = \gamma > 0$，但该模型对中间体制没有进行约束。BBC（2004）将检验估计式写成如下 ADF 式形式：

$$\Delta X_t = \begin{cases} \mu_1 + \rho_1 X_{t-1} + \alpha_{11}\Delta X_{t-1} + \cdots + \alpha_{1p}\Delta X_{t-p} + \varepsilon_t, & if \quad X_{t-d} \leqslant \gamma \\ \mu_2 + \rho_2 X_{t-1} + \alpha_{21}\Delta X_{t-1} + \cdots + \alpha_{2p}\Delta X_{t-p} + \varepsilon_t, & if \quad -\gamma < X_{t-d} \leqslant \gamma \quad (4.16) \\ \mu_3 + \rho_3 X_{t-1} + \alpha_{31}\Delta X_{t-1} + \cdots + \alpha_{3p}\Delta X_{t-p} + \varepsilon_t, & if \quad X_{t-d} \leqslant \gamma \end{cases}$$

令 $\beta = (\underbrace{\alpha_{11}, \cdots, \alpha_{1p}}_{\alpha_1}, \underbrace{\alpha_{21}, \cdots, \alpha_{2p}}_{\alpha_2}, \underbrace{\alpha_{31}, \cdots, \alpha_{3p}}_{\alpha_3}, \mu_1, \rho_1, \mu_2,$ $\rho_2, \mu_3, \rho_3)'$，$dx_t 1_{\{X_{t-d} \leqslant -\gamma\}} = (\Delta X_{t-1}, \Delta X_{t-2}, \cdots, \Delta X_{t-p}) 1_{\{X_{t-d} \leqslant -\gamma\}}$，$dx_t 1_{\{|X_{t-d}| \leqslant \gamma\}}$ 与 $dx_t 1_{\{X_{t-d} > \gamma\}}$ 同理，则 $x_t = (dx_t 1_{\{X_{t-d} \leqslant -\gamma\}}, dx_t 1_{\{|X_{t-d}| \leqslant \gamma\}},$ $dx_t 1_{\{X_{t-d} > \gamma\}}, 1_{\{X_{t-d} \leqslant -\gamma\}}, X_{t-1} 1_{\{X_{t-d} \leqslant -\gamma\}}, 1_{\{|X_{t-d}| \leqslant \gamma\}}, X_{t-1} 1_{\{|X_{t-d}| \leqslant \gamma\}}, 1_{\{X_{t-d} > \gamma\}},$ $X_{t-1} 1_{\{X_{t-d} > \gamma\}})'$，则可用矩阵形式缩写如下：

$$\Delta X_t = x_t'\beta + \varepsilon_t \qquad (4.17)$$

对于式（4.17），单位根检验的原假设 H_0 可以设定为：

$$H_0: \rho_1 = \rho_2 = \rho_3 = 0 \qquad (4.18)$$

BBC（2004）为了能较方便地推导单位根检验统计量的渐近分布，使用了一个更强的原假设，即：

$$H_0: \rho_1 = \rho_2 = \rho_3 = 0 = \mu_1 = \mu_2 = \mu_3, \& \alpha_1 = \alpha_2 = \alpha_3 \qquad (4.19)$$

这种在推导渐近分布时使用更强的假定已有先例，在汉密尔顿（Hamilton，1994）推导 DF 统计量时就已经使用。

对于固定的门限值 γ，通过最小二乘法估计无约束模型（4.17）得到系数的估计值 $\hat{\beta}$，令 $\hat{\varepsilon}_t = \Delta X_t - x_t'\hat{\beta}$，残差的估计方差计算公式为：$\hat{\sigma}^2 = \frac{1}{T}\sum_t \hat{\varepsilon}_t^2$；令 $\tilde{\beta}$ 为模型（4.17）在约束 $\rho_1 = \rho_2 = \rho_3 = 0$ 下 β 的最小二乘法估计值，$\tilde{\varepsilon}_t = \Delta X_t - x_t'\tilde{\beta}$，约束模型的残差方差估计值为 $\tilde{\sigma}^2 = \frac{1}{T}\sum_t \tilde{\varepsilon}_t^2$，则 BBC（2004）使用的三个检验统计量可分别写成：

$$W_T(\gamma) = \frac{1}{\hat{\sigma}^2}\hat{\rho}'[R(\sum_{t=1}^T x_t x_t')^{-1} R']^{-1}\hat{\rho}$$

$$LM_T(\gamma) = \frac{1}{\tilde{\sigma}^2}[\sum_{t=1}^T x_t \tilde{\varepsilon}_t]'[\sum_{t=1}^T x_t x_t']^{-1}[\sum_{t=1}^T x_t \tilde{\varepsilon}_t]$$

$$LR_T(\gamma) = T\ln\left(\frac{\tilde{\sigma}^2}{\hat{\sigma}^2}\right) \tag{4.20}$$

其中，$\hat{\rho} = (\hat{\rho}_1, \hat{\rho}_2, \hat{\rho}_3)'$，$R$ 是选择矩阵，使得 $R\beta = \rho$。对于在固定门限值条件下，下述定理 4.4 给出了三个检验统计量的渐近性质。

定理 4.4：假定门限值 γ 已经预先给定，$\gamma = \sqrt{T}\pi$，则在（4.19）H_0 假设成立的条件下，有：

$$W_T(\gamma),\ LM_T(\gamma),\ LR_T(\gamma) \xrightarrow{d} T(k) \sim \sum_{j=1}^3 \frac{(N_j)^2}{D_j \int_0^1 I_j(r)\,dr} \tag{4.21}$$

其中，$k = \dfrac{\pi}{\delta}$，$\delta = \dfrac{\sigma}{1 - \alpha_{11} - \alpha_{12} - \cdots - \alpha_{1p}}$，

$$I_1(r) = I(W(r) \leqslant -k),$$
$$I_2(r) = I(|W(r)| < k),$$
$$I_3(r) = I(W(r) \geqslant k)$$

$$N_j = \int_0^1 I_j(r)\,dr \int_0^1 I_j(r)w(r)\,dw(r) - \int_0^1 w(r)I_j(r)\,dr \int_0^1 I_j(r)\,dw(r)$$

$$D_j = \int_0^1 I_j(r)\,dr \int_0^1 I_j(r)w^2(r)\,dr - \left[\int_0^1 w(r)I_j(r)\,dr\right]^2$$

而如果数据生成过程（DGP）是一个固定但未知门限值 γ_0 的平稳 3 体制 SETAR 过程，则在任意固定门限值 $\gamma \in \Gamma$ 的条件下，计算得到的 Wald 统计量 W_T、似然比统计量 LR_T，拉格朗日乘子统计量 LM_T，满足：

$$W_T(\gamma),\ LM_T(\gamma),\ LR_T(\gamma) \xrightarrow{p} \infty \tag{4.22}$$

观察式（4.21）可以发现，$W_T(\gamma)$，$LM_T(\gamma)$，$LR_T(\gamma)$ 三个统计量的渐近分布 $T(k)$ 包含了参数 k，而 k 由数据本身的参数 σ，α_{11}，$\alpha_{12}\cdots$，α_{1p} 等决定。因此，$T(k)$ 并非是一个标准分布，而是依赖于数据本身的，在不同数据下有不同的概率分布和临界值。在定理 4.4 中，选取门限值 $\gamma = \sqrt{T}\pi$ 的主要依据是这个设定可以保证观测值落在中间体制的概率大于 0。

在实际研究中，门限值 γ 一般是未知的，在式（4.18）的原假设下，门限 γ 是不可识别的，更无法得到其一致估计量。BBC（2004）参考了戴维斯（1987）提出的 sup 类检验统计量，如 $\sup W = \sup\limits_{\gamma \in \Gamma} W_T(\gamma)$，类似的 $\sup LR$，$\sup LM$。为了使 sup 类检验统计量不受冗余参数 γ 的影响，需要合适地对 $\gamma \in \Gamma$ 的取值上下限 $\bar{\gamma}$ 和 $\underline{\gamma}$ 进行选择。BBC（2004）对观测值按照其绝对值大小进行排序 $|X|_{(1)} < |X|_{(2)} <, \cdots, < |X|_{(T)}$，选取下限 $\underline{\gamma} = |X|_{[0.1T]}$，选

取上限 $\bar{\gamma} = |X|_{[0.9T]}$，这样保证至少有 20% 的样本落在中间体制内和落在中间体制外。于是，这些按样本分位数进行标准化再取 $T \to \infty$ 的极限，可得到：

$$\underline{k} = \lim_{T \to \infty} \frac{\pi}{\delta} = \lim_{T \to \infty} \frac{\bar{\gamma}}{\delta \sqrt{T}} = \lim_{T \to \infty} \frac{|X|_{[0.1T]}}{\delta \sqrt{T}} = k_{.1},$$

$$\bar{k} = \lim_{T \to \infty} \frac{\pi}{\delta} = \lim_{T \to \infty} \frac{\bar{\gamma}}{\delta \sqrt{T}} = \lim_{T \to \infty} \frac{|X|_{[0.9T]}}{\delta \sqrt{T}} = k_{.9},$$

满足 $\int_0^1 I(W(r) \leqslant k_p) \, dr = p, \ p \in [0, 1]$。从而可以看到，依赖于冗余参数 γ 的检验统计量，经过这种巧妙转换之后，使得 sup 类检验统计量的概率分布不再依赖冗余参数。

定理 4.5：在式（4.12）H_0 假设成立的条件下，可以得到：

$$\sup_{\gamma \in [\underline{\gamma}, \bar{\gamma}]} W_T(\gamma), \ \sup_{\gamma \in [\underline{\gamma}, \bar{\gamma}]} LM_T(\gamma), \ \sup_{\gamma \in [\underline{\gamma}, \bar{\gamma}]} LR_T(\gamma) \xrightarrow{d} \sup_{k \in [\underline{k}, \bar{k}]} T(k)$$

$$(4.23)$$

BBC（2004）证明了上述 sup 类检验统计量都收敛到 $\sup_{k \in [\underline{k}, \bar{k}]} T(k)$。该结论由定理 4.5 给出。

与 BBC（2004）不同的是，BGG（2008）考察的对称 3 体制 SETAR 模型类似于 Band – TAR，但其中间体制未被约束为单位根过程，具体设定如下：

$$\Delta X_t = x_t \beta + \varepsilon_t$$

$$x_t' = \begin{bmatrix} I(X_{t-1} \leqslant -\gamma) - I(X_{t-1} > \gamma) \\ X_{t-1}(I(X_{t-1} \leqslant -\gamma) + I(X_{t-1} > \gamma)) \\ I(|X_{t-1}| \leqslant \gamma) \\ X_{t-1} I(|X_{t-1}| \leqslant \gamma) \end{bmatrix}, \ \beta = \begin{bmatrix} \mu_1 \\ \rho_1 \\ \mu_2 \\ \rho_2 \end{bmatrix} \quad (4.24)$$

对于一个固定的门限值 γ，式（4.24）中参数和误差 ε_t 方差的最小二乘法估计值分别是：

$$\hat{\beta}_T(\gamma) = \left(\sum_{t=1}^T x_t'(\gamma) x_t(\gamma) \right)^{-1} \sum_{t=1}^T x_t'(\gamma) \Delta X_t;$$

$$\hat{\sigma}_T^2(\gamma) = \frac{1}{T - dim(x_t')} \sum_{t=1}^T (\Delta X_t - x_t(\gamma) \hat{\beta}_T(\gamma))^2。$$

BGG（2008）检验每个体制内存在单位根的原假设是 $\rho_1 = \rho_2 = 0$，构建了 Wald 统计量：

$$Wald_T(\gamma) = (R \hat{\beta}_T(\gamma))' (\hat{\sigma}_T^2(\gamma) R (\sum_{t=1}^T x_t'(\gamma) x_t(\gamma))^{-1} R')^{-1} (R \hat{\beta}_T(\gamma))$$

$$(4.25)$$

式（4.25）中，R 为选择矩阵，使得 $(R\beta)' = [\rho_1, \rho_2]$。$Wald_T(\gamma)$ 统计量是在门限值 γ 已知的情况下得到的，而实际情况中，这个值往往是未知的。在门限值未知的情况下，选取合适的门限值进行单位根检验就显得尤为重要。安德鲁（Andrews, 1993）在研究结构突变问题时，推荐使用 sup$Wald$ 检验统计量，选择 γ 使得检验统计量在区间 $\gamma \in \Lambda_T$ 上取得最大值。式（4.25）中，检验统计量计算得到的值越大，越容易落在拒绝域中。安德鲁（Andrews, 1993）以潜在门限的分位点百分比例来构建门限值区间 Λ_T，$\Lambda_T = [\,|X|_{\pi T}, \ |X|_{(1-\pi)T}\,]$，$\pi \in (0, 0.5)$。这些固定比例的门限区间，无法解决估计一致性的问题。在平稳 SETAR 的备择假设下，Λ_T 将收敛到一个区间 $[Q(\pi), Q(1-\pi)]$，$Q(\pi)$ 是 $|X_t|$ 排序的第 π 分位数值，满足 $P(\,|X_t| \leq Q(\pi)) = \pi$。但是，按照 BBC（2004）的结论，在平稳 SETAR 的备择假设下 $Wald$ 检验统计量在区间 $[Q(\pi), Q(1-\pi)]$ 上应该是一个发散的值，而这种分位数门限区间的选择，无法保证在门限值未知情况下 $Wald$ 检验统计量发散的这一结论。

BGG（2008）在门限区间的选取上实现了较大的创新，提出了自适应门限区间的概念。自适应门限区间要求，Λ_T 区间在原假设下尽可能小，使得检验统计量的渐近分布存在，并能得到其临界值；而在备择假设下，Λ_T 区间要尽可能大，使得在 Λ_T 区间上计算的 sup$Wald$ 检验统计量更具检验功效。因而，这要求 Λ_T 区间会随着不同假设而自适应改变。考虑到 ARMA 模型中单位根检验 DF 统计量具有原假设下收敛，而备择假设下 DF 统计量发散的性质，BGG（2008）使用 DF 统计量的绝对值 $|DF_T|$ 作为门限区间 Λ_T 上下限值的函数变量，上限 $\bar{\gamma}$ 是 $|DF_T|$ 的增函数，下限 $\underline{\gamma}$ 是 $|DF_T|$ 的减函数。由于 DF 统计量在原假设成立时是收敛的，而在备择假设成立时，则是发散的。因此，原假设成立时，$\bar{\gamma}$ 会取较小的值，而 $\underline{\gamma}$ 会取较大的值，因此，门限区间 Λ_T 区间就比较窄；而当备择假设成立时，DF 统计量发散，$\bar{\gamma}$ 值较大，而 $\underline{\gamma}$ 值会取较小，因而 Λ_T 区间就比较宽。

BGG（2008）给出了两类自适应门限区间的示例。第一类被称为渐近无界门限区间集，这类门限区间是从样本排序分位数门限区间直接转化而得到，其取值区间随着样本增大而不断增大，因此，称之为渐近无界门限区间集。第二类是有界门限区间集，它不是一类由样本容量决定的门限区间。下面分别介绍这两类门限区间集：

I　渐近无界门限区间集

关于这类门限的一个示例是将分位数门限区间的上门限 $\bar{\gamma}$ 的分位 $1 -$

π 转化为一个以 $|DF_T|$ 为增函数的随机样本分位函数，π 为下门限 $\underline{\gamma}$ 的分位。可定义如下渐近无界门限区间，

$$\Lambda_T^U = [\sqrt{T}\underline{\gamma}, \sqrt{T}\bar{\gamma}], \quad \sqrt{T}\underline{\gamma} = |X|_{\pi_T T}, \quad \sqrt{T}\bar{\gamma} = |X|_{(1-\pi_T)T} \qquad (4.26)$$

在式（4.26）中，$1 - \pi_T = \min\left(1 - \pi + \dfrac{\delta|DF_T|}{\sqrt{T}}, \dfrac{T-2}{T}\right)$，$\delta$ 为大于 0 的实数；$\bar{\gamma}$ 式中取 $T-2$ 是为了保证外体制的最小观测值不少于 2 个。

注意到式（4.26）中，$\left\{\dfrac{|X|_{Tr}}{\sqrt{T}}\right\}_{r \in [0,1]}$ 收敛到分布 $\{\sigma W(r)\}_{r \in [0,1]}$，$W(\cdot)$ 是标准维纳过程。在原假设下，$\dfrac{\delta|DF_T|}{\sqrt{T}} \to 0$，因此，$\pi_T$ 收敛到 π。如果定义 $Q_{|W|}(\pi)$ 为随机变量，满足 $\int_0^1 I(|W(r)| \leq Q)dr = \pi$，则 $(\underline{\gamma}, \bar{\gamma}) \xrightarrow{d} (\sigma Q_{|W|}(\pi), \sigma Q_{|W|}(1-\pi))$。从而可以看到，$(\underline{\gamma}, \bar{\gamma})$ 是一个收敛的区间，Λ_T^U 随着样本容量 T 增大，将 $(\underline{\gamma}, \bar{\gamma})$ 以 $\sqrt{T}$ 发散级数扩大，因此，这是一个渐近无界门限区间。在备择假设下，$|DF_T|$ 的数量级数为 T，$\dfrac{\delta|DF_T|}{\sqrt{T}} \to \delta\sqrt{T}$；因此，$1 - \pi_T \to \min(1-\pi+\infty, 1) = 1$，$\pi_T \to 0$；因而，$\Lambda_T^U$ 中 $\sqrt{T}\bar{\gamma}_T$ 收敛到 $Q(1)$。因此，Λ_T^U 在原假设和备择假设下门限区间的取值范围是不同的。

定理 4.6 证明了 $\sup Wald_T(\Lambda_T^U)$ 存在无冗余参数的渐近分布，首先定义

$$\xi_{jU}(\gamma) = \frac{\displaystyle\int_0^1 W(r)I_j(\gamma)(W(r))dW(r) - \frac{\displaystyle\int_0^1 W(r)I_j(\gamma)(W(r))dr}{\displaystyle\int_0^1 I_j(\gamma)(W(r))dr}\int_0^1 I_j(\gamma)(W(r))dW(r)}{\left[\displaystyle\int_0^1 W^2(r)I_j(\gamma)(W(r))dr - \frac{\left(\displaystyle\int_0^1 W(r)I_j(\gamma)(W(r))dr\right)^2}{\displaystyle\int_0^1 I_j(\gamma)(W(r))dr}\right]^{\frac{1}{2}}}, j = 1, 2, 3$$

$$\xi_{OU}(\gamma) = \frac{\displaystyle\int_0^1 W(r)I_{1,3}(\gamma)(W(r))dW(r) - \frac{\displaystyle\int_0^1 W(r)I_{1,3}(\gamma)(W(r))dr}{\displaystyle\int_0^1 I_{1,3}(\gamma)(W(r))dr}\int_0^1 (I_1(\gamma) - I_3(\gamma))(W(r))dW(r)}{\left[\displaystyle\int_0^1 W^2(r)I_{1,3}(\gamma)(W(r))dr - \frac{(\displaystyle\int_0^1 W(r)I_{1,3}(\gamma)(W(r))dr^2}{\displaystyle\int_0^1 I_{1,3}(\gamma)(W(r))dr}\right]^{\frac{1}{2}}}$$

$$(4.27)$$

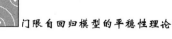

定理 4.6：对于模型（4.24），$E(\mid\varepsilon_t\mid^{4+\tau})<\infty$ 且 $\lim\limits_{X\to\infty}X^\zeta E(e^{iX\varepsilon_t})=0$，如果门限区间为式（4.26）中 Λ_T^U，则在原假设成立时，$\sup Wald_T(\Lambda_T^U)$ 的渐近分布存在且收敛到 $\sup_{\gamma\in(\underline{\gamma},\bar{\gamma})=\frac{\Lambda_T^U}{\sqrt{T}}}\left(\xi_{OU}^2\left(\dfrac{\gamma}{\sigma}\right)+\xi_{2U}^2\left(\dfrac{\gamma}{\sigma}\right)\right)$。

Ⅱ 有界门限区间集

根据帕克和菲利普斯（1999），门限变量 $\mid X_{t-1}\mid$ 在有界门限区间集中的数量级数为 $\sqrt{T}$，因此，以分位数度量的基数则会渐近地衰减。因而，采用有界门限区间得到的检验统计量将具有更小的临界值。BGG（2008）给出了一个有界门限区间的示例，对于 $\delta>0$，Λ_T^B 由下式定义：

$$\Lambda_T^B=\left[\underline{\gamma},\ \bar{\gamma}\right],\ \underline{\gamma}=\mid X\mid_{(2)}+\frac{\hat{\sigma}_{\varepsilon T}}{\delta\mid DF_T\mid},\ \bar{\gamma}=\underline{\gamma}+\delta\hat{\sigma}_{\varepsilon T}\mid DF_T\mid \quad (4.28)$$

其中，$\hat{\sigma}_{\varepsilon T}$ 为线性模型残差的方差估计值，$\hat{\sigma}_{\varepsilon T}^2=\dfrac{\sum(X_t-\hat{\mu}-\hat{\alpha}X_{t-1})^2}{T-2}$，$\hat{\mu}$ 和 $\hat{\alpha}$ 均为估计值。$\underline{\gamma}$ 中的 $\mid X\mid_{(2)}$ 表示 $\mid X\mid$ 排序后的第 2 个值，以保证至少有 2 个观测值在内体制中。在原假设成立时，$\mid DF_T\mid$ 统计量收敛，Λ_T^B 的上下限取决于 $\mid DF_T\mid$ 统计量收敛的数值，此时，Λ_T^B 必然是有界的；在备择假设成立时，$\mid DF_T\mid$ 统计量发散，$\underline{\gamma}$ 收敛到 $\mid X\mid_{(2)}$，$\bar{\gamma}$ 则是发散的，因此，Λ_T^B 在备择假设下有最大的取值范围，从而 Λ_T^B 是自适应的。

定理 4.7 给出了上述有界门限区间 Λ_T^B 下 $\sup Wald_T(\Lambda_T^B)$ 的极限分布。

$\mid DF_T\mid$ 统计量的收敛到分布 $DF=\dfrac{\int_0^1 W(r)dW(r)-W(1)\int_0^1 W(r)dr}{\left[\int_0^1 W^2(r)dr-\left(\int_0^1 W(r)dr\right)^2\right]^{\frac{1}{2}}}$，定义一个独立于 $W(r)$ 的新维纳过程 $\breve{W}(r)$，中间体制对 $Wald$ 统计量的贡献记为 $\xi_{2\breve{W}}(\gamma)=\dfrac{\int_{-\gamma}^{\gamma}(r-\gamma)d\breve{W}(r)}{(2\gamma^3/3)^{1/2}}$，则定理 4.7 表述如下，

定理 4.7：对于模型（4.24），$E(\mid\varepsilon_t\mid^{4+\tau})<\infty$ 且 $\lim\limits_{X\to\infty}X^\zeta E(e^{iX\varepsilon_t})=0$，如果门限区间为式（4.28）中 Λ_T^B，则在原假设成立时，$\sup Wald_T(\Lambda_T^B)$ 的渐近分布存在且收敛到 $\xi_{OU}(0)+\sup_{\gamma\in\Lambda^B}\xi_{2B}(\gamma)$，$\xi_{OU}(\cdot)$ 如（4.27）所定义。

对比定理 4.6，可以发现，使用有界门限区间集得到的 $\sup Wald$ 统计量中，外体制对该统计量的贡献变为 $\xi_{OU}(0)$，即门限值固定为 0 时的 $\xi_{OU}(\cdot)$ 函数值，这个与卡普坦尼尔斯和欣恩（KS，2006）的结论有相似之处。

本书下一小节将讨论卡普坦尼尔斯和欣恩（KS，2006）单位根检验方法的渐近性质，并对其进行扩展研究。

4.2.2　卡普坦尼尔斯和欣恩（KS，2006）检验的渐近性质

卡普坦尼尔斯和欣恩（KS，2006）也对 3 体制 SETAR 模型的单位根检验进行了研究。与 BBC（2004）和 BGG（2008）显著不同的是：其一，卡普坦尼尔斯和欣恩（KS，2006）考虑的模型是一个存在 BOI 区域的 3 体制 SETAR；其二，门限变量取值范围 $\gamma \in \Gamma$ 的设定不相同。

考虑如下 3 体制 SETAR 模型：

$$X_t = \begin{cases} b_{11}X_{t-1} + u_t, & if \quad X_{t-1} \leq \gamma_1 \\ b_{21}X_{t-1} + u_t, & if \quad \gamma_1 < X_{t-1} \leq \gamma_2 \\ b_{31}X_{t-1} + u_t, & if \quad X_{t-1} > \gamma_2 \end{cases} \qquad (4.29)$$

u_t 满足要求假设 4.1 要求，卡普坦尼尔斯和欣恩（KS，2006）假定模型系数满足以下约束：

$$b_{12} \geq 1; \quad |b_{11}|, \quad |b_{13}| < 1 \qquad (4.30)$$

则模型的中间体制是局部非平稳的，但由第二章讨论门限自回归模型平稳性的理论可知，序列 X_t 是一个全局平稳遍历过程。经济学家也通常用这个模型研究经济变量中的非线性调整现象，巴尔克和姆比（Balke and Fomby，1997）以及安德森（Anderson，1997）使用的模型（4.24）就是在系数满足模型（4.30）的一个特例的情况，$b_{12} = 1$；$b_{11} < 1$，$b_{13} < 1$。此时，模型是全局平稳的，中间体制是一个单位根过程，数据过程不受外力影响，被称之为 band of inaction（BOI）区域。

为使描述更为清晰，将模型写成如下形式：

$$\Delta X_t = \beta_1 X_{t-1} I_{|X_{t-1} \leq \gamma_1|} + \beta_2 X_{t-1} I_{|X_{t-1} > \gamma_2|} + u_t \qquad (4.31)$$

原假设为模型存在单位根，备择假设为式（4.29）中系数满足 $b_{12} = 1$ 以及 $b_{11} < 1$，$b_{13} < 1$ 的平稳 SETAR 过程，即

$$H_0: \beta_1 = \beta_2 = 0$$
$$H_1: \beta_1 < 0, \ \beta_2 < 0 \qquad (4.32)$$

对模型（4.31）进行单位根检验，在原假设成立的条件下，Wald 检验统计量由下式给出：

$$W_{(\gamma_1, \gamma_2)} = \hat{\beta}' \left[Var(\hat{\beta}) \right]^{-1} \hat{\beta} = \frac{\hat{\beta}'(X'X)\,\hat{\beta}}{\hat{\sigma}_u^2} \qquad (4.33)$$

其中，$\hat{\sigma}_u^2 = \dfrac{1}{T-2}\sum_{t=1}^{T}\hat{u}_t^2$，$\hat{\beta} = (\beta_1, \beta_2)'$，$\boldsymbol{X} = \begin{pmatrix} X_0 I_{\{X_{t-1}\leqslant\gamma_1\}} & X_0 I_{\{X_{t-1}>\gamma_2\}} \\ X_1 I_{\{X_{t-1}\leqslant\gamma_1\}} & X_1 I_{\{X_{t-1}>\gamma_2\}} \\ \vdots & \vdots \\ X_{T-1} I_{\{X_{t-1}\leqslant\gamma_1\}} & X_{T-1} I_{\{X_{t-1}>\gamma_2\}} \end{pmatrix}$。

为了得到式（4.33）$W_{(\gamma_1,\gamma_2)}$ 的渐近分布，卡普坦尼尔斯和欣恩（KS，2006）首先考虑了 $\gamma_1 = \gamma_2 = 0$ 的情形。用 $\boldsymbol{X}_0$ 代表 $\gamma_1 = \gamma_2 = 0$ 时的 $\boldsymbol{X}$，则有，

$$W_0 = W_{(0,0)} = \frac{\hat{\beta}'(\boldsymbol{X}_0'\boldsymbol{X}_0)\hat{\beta}}{\hat{\sigma}_u^2} \tag{4.34}$$

定理 4.8：对于模型（4.31），如果 u_t 满足假设 4.1，则在 $\gamma_1 = \gamma_2 = 0$ 的情况下，检验 $\hat{\beta} = 0$ 的 Wald 检验统计量模型（4.34）存在如下渐近分布：

$$W_0 = \frac{\left\{\int_0^1 I_{\{W(r)\leqslant 0\}} W(r)\,dW(r)\right\}^2}{\int_0^1 I_{\{W(r)\leqslant 0\}} W(r)^2\,dr} + \frac{\left\{\int_0^1 I_{\{W(r)>0\}} W(r)\,dW(r)\right\}^2}{\int_0^1 I_{\{W(r)>0\}} W(r)^2\,dr} \tag{4.35}$$

定理 4.9：对于模型（4.31），如果 u_t 满足假设 4.1，且模型门限值 γ_1、γ_2 为已知的有限值，则式（4.33）中 $W_{(\gamma_1,\gamma_2)}$ 在原假设成立时收敛到定理 4.9 中的 W_0，并且 $W_{(\gamma_1,\gamma_2)}$ 在备择假设下是发散的。

对于门限值未知的情形，BBC 和 BGG 采用了综合统计量的方法处理"Davis"问题，区别在于计算综合统计量的门限区间的选择设定方法不一样；卡普坦尼尔斯和欣恩（KS，2006）也使用综合统计量，根据式（4.31）模型设定中间体制为单位根过程的特点，其门限区间的选择是让中间体制在原假设下和备择假设下都是渐近有限宽度。为了满足这个条件，又考虑到中间体制的区间宽度是 $O_p(\sqrt{T})$ 级的渐近有限宽度，卡普坦尼尔斯和欣恩（KS，2006）设定门限区间的排序分位数取值为：

$$\pi_1 = \bar{\pi} - \frac{c}{T^\delta}, \quad \pi_2 = \bar{\pi} + \frac{c}{T^\delta} \tag{4.36}$$

$\bar{\pi}$ 是样本分位值为 0 的分位点，$\delta \geqslant \dfrac{1}{2}$ 以保证门限区间的渐近有限宽度。卡普坦尼尔斯和欣恩（KS，2006）指出，在实践中，c 的选择应让每个体制有足够的样本数量，如 $T = 100$ 个样本，取 $\delta = \dfrac{1}{2}$，则 c 可以设定为 3 到 4 之间，保证门限区间覆盖了样本的 60% ~ 80%。

定理 4.10：对于模型（4.31），如果 u_t 满足假设 4.1，且中间体制在原假设下和备择假设下都是渐近有限宽度。则原假设下检验 $\hat{\beta} = 0$ 的 Wald

检验统计量模型（4.33）满足下式：

$$\lim_{T\to\infty}\sup \Pr\Big[\sup_{\gamma\in\Gamma}\sup_{\gamma'\in S(\gamma,\delta)}|w_\gamma^{(i)}-w_{\gamma'}^{(i)}|\geqslant\omega\Big]<\omega \tag{4.37}$$

$w_\gamma^{(i)}$ 是门限值为 Γ 中第 i 个点时，计算得到的 $Wald$ 检验统计量值，$\gamma=(\gamma_1,\ \gamma_2)$，$\gamma'=(\gamma_1',\ \gamma_2')$，$S(\gamma,\ \delta)$ 是以 γ 为中心，δ 为半径的取值区域。

定理 4.10 的结论说明，式（4.33）$Wald$ 检验统计量是等度连续的（equicontinuous），再结合定理 4.9 的结论，$W_{(\gamma_1,\gamma_2)}$ 在原假设成立时收敛到定理 4.8 中的 W_0，可知综合统计量在上述假定下也将具备一致收敛性。

当门限区间的取值范围是一个有界门限区间集时，不但固定门限值所得到的检验统计量与门限变量取值是渐近独立的，而且综合检验统计量也与门限区间的取值是渐近独立的。

4.2.3　卡普坦尼尔斯和欣恩（2006）的扩展——估计方程含截距项

本小节讨论对卡普坦尼尔斯和欣恩（2006）的一个扩展，当估计方程（4.31）含截距项时的单位根检验理论。主要工作是推导得到 $Wald$ 统计量的渐近分布，在推导过程中，使用了 BBC（2004）采用的门限变量取值 $\gamma=\sqrt{T}\pi$，$\pi=k\sigma$，k 为门限变量的分位点。其好处在于，在原假设下观测值落在中间体制的概率为 $P(|y_t|\leqslant\gamma)=P\Big(\dfrac{|y_t|}{\sqrt{T}}\leqslant\dfrac{\gamma}{\sqrt{T}}\Big)\to P\Big(w(r)\leqslant\dfrac{\pi}{\sigma}\Big)=$

$P(w(r)\leqslant k)>0\Big(r=\dfrac{t}{T}\Big)$。对于数据为平稳 3 体制 SETAR 模型时，备择假设条件下 γ 是固定的，因此，$P\Big(\dfrac{|y_t|}{\sqrt{T}}\leqslant\dfrac{\gamma}{\sqrt{T}}\Big)\to P\Big(\dfrac{|y_t|}{\sqrt{T}}\leqslant 0\Big)=0$。因而，在

原假设下 $\gamma=\sqrt{T}\pi$ 的假定可以保证中间体制在任何时候都有正的概率值，可以避免收缩为 2 体制 SETAR 模型。

带截距项的 SETAR 单位根检验 DF 估计方程式可写成如下形式：

$$\Delta X_t=(b_{10}+b_{11}X_{t-1})1_{\{X_{t-1}\leqslant\gamma_1\}}+(b_{20}+b_{21}X_{t-1})1_{\{X_{t-1}>\gamma_2\}}+\varepsilon_t \tag{4.38}$$

用矩阵形式：

$$\Delta X=X\beta+\varepsilon \tag{4.39}$$

其中：

$$\Delta X = \begin{pmatrix} \Delta X_1 \\ \Delta X_2 \\ \vdots \\ \Delta X_{T-1} \end{pmatrix}; \quad X = \begin{pmatrix} 1_{\{X_0 \leq \gamma_1\}} & 1_{\{X_0 > \gamma_1\}} & X_0 1_{\{X_0 \leq \gamma_1\}} & X_0 1_{\{X_0 > \gamma_1\}} \\ 1_{\{X_1 \leq \gamma_1\}} & 1_{\{X_1 > \gamma_1\}} & X_1 1_{\{X_1 \leq \gamma_1\}} & X_1 1_{\{X_1 > \gamma_1\}} \\ \vdots & \vdots & \vdots & \vdots \\ 1_{\{X_{T-1} \leq \gamma_1\}} & 1_{\{X_{T-1} > \gamma_1\}} & X_{T-1} 1_{\{X_{T-1} \leq \gamma_1\}} & X_{T-1} 1_{\{X_{T-1} \leq \gamma_1\}} \end{pmatrix}; \quad \beta = \begin{pmatrix} b_{01} \\ b_{02} \\ b_{11} \\ b_{12} \end{pmatrix}_{\circ}$$

令 $R(\hat{\boldsymbol{\beta}}) = \begin{pmatrix} \hat{b}_{11} - b_{11} \\ \hat{b}_{21} - b_{21} \end{pmatrix}$，于是，在备择假设设定为平稳 SETAR 过程时，相对应的 SETAR 单位根检验的原假设 H_0：$b_{11} = b_{21} = 0$ 可以用下面的 Wald 检验统计量进行检验：

$$W = R(\hat{\boldsymbol{\beta}})' [\mathbf{var}(R(\hat{\boldsymbol{\beta}}))]^{-1} R(\hat{\boldsymbol{\beta}}) \tag{4.40}$$

其中，$\mathbf{var}(R(\hat{\boldsymbol{\beta}})) = \left(\dfrac{\partial R(\hat{\boldsymbol{\beta}})}{\partial \hat{\boldsymbol{\beta}}}\right) \mathbf{var}(\hat{\boldsymbol{\beta}}) \left(\dfrac{\partial R(\hat{\boldsymbol{\beta}})}{\partial \hat{\boldsymbol{\beta}}}\right)'$。于是 Wald 检验统计量的表达式为：

$$W = \begin{pmatrix} \hat{b}_{11} - b_{11} \\ \hat{b}_{21} - b_{21} \end{pmatrix}' \left(\begin{pmatrix} 0 & 0 & 1 & 0 \\ 0 & 0 & 0 & 1 \end{pmatrix} (X'X)^{-1} \hat{\sigma}_\varepsilon^2 \begin{pmatrix} 0 & 0 & 1 & 0 \\ 0 & 0 & 0 & 1 \end{pmatrix}' \right)^{-1} \begin{pmatrix} \hat{b}_{11} - b_{11} \\ \hat{b}_{21} - b_{21} \end{pmatrix}$$

$$\tag{4.41}$$

其中，$\begin{pmatrix} \hat{b}_{11} - b_{11} \\ \hat{b}_{21} - b_{21} \end{pmatrix} = \begin{pmatrix} 0 & 0 & 1 & 0 \\ 0 & 0 & 0 & 1 \end{pmatrix} (\hat{\boldsymbol{\beta}} - \boldsymbol{\beta})$，$\hat{\boldsymbol{\beta}} - \boldsymbol{\beta} = (X'X)^{-1} X' \boldsymbol{\varepsilon}$，

$$X'X = \begin{pmatrix} \displaystyle\sum_t 1_{\{X_{t-1} \leq \gamma_1\}} & 0 & \displaystyle\sum_t 1_{\{X_{t-1} \leq \gamma_1\}} X_{t-1} & 0 \\ 0 & \displaystyle\sum_t 1_{\{X_{t-1} > \gamma_2\}} & 0 & \displaystyle\sum_t 1_{\{X_{t-1} > \gamma_2\}} X_{t-1} \\ \displaystyle\sum_t 1_{\{y_{t-1} \leq \gamma_1\}} y_{t-1} & 0 & \displaystyle\sum_t 1_{\{X_{t-1} \leq \gamma_1\}} X_{t-1}^2 & 0 \\ 0 & \displaystyle\sum_t 1_{\{y_{t-1} > \gamma_2\}} X_{t-1} & 0 & \displaystyle\sum_t 1_{\{X_{t-1} > \gamma_2\}} X_{t-1}^2 \end{pmatrix},$$

$$X'\boldsymbol{\varepsilon} = \begin{pmatrix} \displaystyle\sum_t 1_{\{X_{t-1} \leq \gamma_1\}} \varepsilon_t \\ \displaystyle\sum_t 1_{\{X_{t-1} > \gamma_2\}} \varepsilon_t \\ \displaystyle\sum_t 1_{\{X_{t-1} \leq \gamma_1\}} X_{t-1} \varepsilon_t \\ \displaystyle\sum_t 1_{\{X_{t-1} > \gamma_2\}} X_{t-1} \varepsilon_t \end{pmatrix}_{\circ}$$

由于采用了 BBC（2004）的门限取值方式，因而，由帕克和菲利普斯

（2001）的引理 A2 （lemma A2）得到以下结论可以在本模型中使用：

$$\frac{1}{T}\sum_t 1_{\{\frac{x_{t-1}}{\sqrt{T}} \le \pi_1\}} \xrightarrow{d} \int_0^1 I\Big(W(r) < \frac{\pi_1}{\sigma}\Big)dr = \tilde{I}_{W<}$$

$$\frac{1}{T}\sum_t 1_{\{\frac{y_{t-1}}{\sqrt{T}} \le \pi_1\}} \frac{y_{t-1}}{\sqrt{T}} \xrightarrow{d} \sigma\int_0^1 W(r)I\Big(W(r) < \frac{\pi_1}{\sigma}\Big)dr = \sigma\tilde{W}_{I<}$$

$$\frac{1}{T^2}\sum_t 1_{\{\frac{y_{t-1}}{\sqrt{T}} \le \pi_1\}} \frac{y_{t-1}^2}{T} \xrightarrow{d} \sigma^2\int_0^1 W^2(r)I\Big(W(r) < \frac{\pi_1}{\sigma}\Big)dr = \sigma^2\tilde{W}_{I<}^2$$

$$\frac{1}{\sqrt{T}}\sum_t 1_{\{\frac{y_{t-1}}{\sqrt{T}} \le \pi_1\}}\varepsilon_t \xrightarrow{d} \sigma\int_0^1 I\Big(W(r) < \frac{\pi_1}{\sigma}\Big)dW(r) = \sigma\hat{I}_{W<}$$

$$\frac{1}{\sqrt{T}}\sum_t 1_{\{\frac{y_{t-1}}{\sqrt{T}} \le \pi_1\}}\frac{y_{t-1}}{\sqrt{T}}\varepsilon_t \xrightarrow{d} \sigma^2\int_0^1 W(r)I\Big(W(r) < \frac{\pi_1}{\sigma}\Big)dW(r) = \sigma^2\widehat{W}_{I<}$$

令 Q 为矩阵 $X'X$ 的行列式 $Q = |X'X|$，结合上述已有结论，则式（4.41）中各项在大样本下的收敛性如下，

$$\sqrt{T}\binom{\hat{b}_{11} - b_{11}}{\hat{b}_{21} - b_{21}}$$

$$\xrightarrow{d} \frac{\sigma^4}{Q}\binom{\hat{I}_{W<}((\tilde{W}_{I<})^2\tilde{W}_{I>} - \tilde{W}_{I<}^2\tilde{I}_{W>}\tilde{W}_{I<}) + \widehat{W}_{I<}(\tilde{I}_{W<}\tilde{I}_{W>}\tilde{W}_{I<}^2 - \tilde{I}_{W<}(\tilde{W}_{I<})^2)}{\hat{I}_{W>}((\tilde{W}_{I<})^2\tilde{W}_{I>} - \tilde{W}_{I<}^2\tilde{I}_{W<}\tilde{W}_{I>}) + \overline{W}_{I>}(\tilde{I}_{W<}\tilde{I}_{W>}\tilde{W}_{I<}^2 - \tilde{I}_{W>}(\tilde{W}_{I<})^2)}$$

$$= \frac{\sigma^4}{Q}\binom{\tilde{M}_1\hat{I}_{W<} + \tilde{M}_2\widehat{W}_{I<}}{\tilde{M}_3\hat{I}_{W>} + \tilde{M}_4\widehat{W}_{I>}};$$

对于中间项，由于 $\hat{\sigma}_\varepsilon^2$ 是 σ^2 的一致估计量，因此，$\hat{\sigma}_\varepsilon^2 \xrightarrow{p} \sigma^2$，则有：

$$\frac{1}{T}\left(\begin{pmatrix} 0 & 0 & 1 & 0 \\ 0 & 0 & 0 & 1 \end{pmatrix}(X'X)^{-1}\hat{\sigma}_\varepsilon^2\begin{pmatrix} 0 & 0 & 1 & 0 \\ 0 & 0 & 0 & 1 \end{pmatrix}'\right)^{-1}$$

$$\xrightarrow{d} \begin{pmatrix} \dfrac{Q}{\sigma^4\tilde{M}_2} & 0 \\ 0 & \dfrac{Q}{\sigma^4\tilde{M}_4} \end{pmatrix}$$

其中，式中 $\tilde{M}_1 = (\tilde{W}_{I<})^2\tilde{W}_{I>} - \tilde{W}_{I<}^2\tilde{I}_{W>}\tilde{W}_{I<}$；$\tilde{M}_2 = \tilde{I}_{W<}\tilde{I}_{W>}\tilde{W}_{I<}^2 - \tilde{I}_{W<}(\tilde{W}_{I<})^2$；$\tilde{M}_3 = (\tilde{W}_{I<})^2\tilde{W}_{I>} - \tilde{W}_{I<}^2\tilde{I}_{W<}\tilde{W}_{I>}$；$\tilde{M}_4 = \tilde{I}_{W<}\tilde{I}_{W>}\tilde{W}_{I<}^2 - \tilde{I}_{W>}(\tilde{W}_{I<})^2$。

因而，有下面定理 4.11 成立。

定理 4.11： 对于模型（4.39），如果 ε_t 满足假设 4.1，则原假设下检验 $\hat{\beta} = 0$ 的 *Wald* 检验统计量（4.40）的渐近分布为：

$$W(k) = \frac{\sigma^4}{Q} \left(\frac{(\tilde{M}_1 \hat{I}_{W<} + \tilde{M}_2 \widehat{W}_{I<})^2}{\tilde{M}_2} + \frac{(\tilde{M}_3 \hat{I}_{W>} + \tilde{M}_4 \widehat{W}_{I>})^2}{\tilde{M}_4} \right) \quad (4.42)$$

这个分布与参数 k 有关，而 k 是与门限变量的取值范围设定有关联的。若设定了门限变量的取值范围，可以通过 Monte Carlo 试验得到该分布在各分位的临界值点。

在本次 Monte Carlo 试验中，首先设定在大样本下（样本容量 $T = 2000$，去除 200 个初始值），数据生成过程为不含漂移项的单位根过程，用式 (4.38) 对序列进行估计，按照式 (4.40) 计算得到 Wald 统计量；门限变量的取值范围 Γ 分别为 $[0.05, 0.95]$、$[0.10, 0.90]$、$[0.15, 0.85]$，重复模拟 5000 次得到三个分布函数的各个分位点的临界值如表 4.7 所示。

表 4.7　　　　　　　3 体制 SETAR 单位根检验的渐近临界值表

tirm	0.05	0.1	0.15	0.05	0.1	0.15
γ	$\gamma = 0$			$\gamma = 1$		
0.80	5.57	5.19	4.86	5.40	5.12	4.88
0.90	7.24	7.03	6.60	7.14	6.95	6.60
0.95	9.10	8.77	8.35	8.90	8.91	8.41
0.99	13.13	12.81	12.53	13.07	12.74	12.51

表 4.7 显示，3 体制 SETAR 下的 Wald 单位根统计量较 2 体制 SETAR 下的 Wald 统计量的渐近临界值小。3 体制 SETAR 下的 Wald 检验统计量的渐近分布模拟如图 4.3 所示，图中 3 条曲线依次为三个不同门限区间模拟得到的检验统计量的渐近分布函数核密度图。

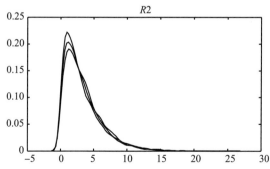

图 4.3　3 体制 SETAR 单位根检验的 Wald 统计量渐近分布的核密度图（$\gamma = 0$）

本书对 *Wald* 检验统计量在有限样本下的检验尺度和检验功效进行了模拟。表4.8 的模拟结果显示，检验尺度在小样本下偏高，样本容量为 100 时，检验尺度在 0.1 左右；而检验功效方面，*Wald* 检验统计量对 (0.9，0.9) 组合的检验功效偏低，样本容量为 100 时在 0.3 左右，而样本容量为 500 时则上升到 0.7 左右。

表4.8　　　　　　3 体制 SETAR 单位根检验的检验尺度和检验功效

(b_{11}, b_{21})	*trim*	样本容量 T			
		100	200	350	500
(1.0，1.0)	0.05	0.10	0.10	0.05	0.04
	0.10	0.11	0.10	0.06	0.05
	0.15	0.11	0.10	0.08	0.06
(0.2，0.2)	0.05	0.98	0.99	1.00	1.00
	0.10	0.97	1.00	1.00	1.00
	0.15	0.97	1.00	1.00	1.00
(0.9，0.9)	0.05	0.26	0.42	0.46	0.69
	0.10	0.27	0.44	0.51	0.68
	0.15	0.30	0.46	0.58	0.72

4.2.4　均值突变的 3 体制 SETAR 模型单位根检验

本小节对 3 体制 SETAR 模型 (4.38) 的均值方程存在外生性结构突变时的单位根检验的检验尺度和检验功效进行 Monte Carlo 模拟试验。考虑含结构突变的单位根检验模型设定如下：

$$\Delta X_t = (b_{10} + b_{11}X_{t-1})1_{\{X_{t-1} \leqslant \gamma_1\}} + (b_{20} + b_{21}X_{t-1})1_{\{X_{t-1} > \gamma_2\}} + \delta DP_t + \varepsilon_t$$

$$DP_t = \begin{cases} 1, & t = t_b \\ 0, & t \neq t_b \end{cases} \tag{4.43}$$

式 (4.43) 中各项与模型 (4.38) 的设定一致。本书首先对均值含结构突变的单位根过程的渐近临界值进行模拟，模拟中采用的数据生成过程为含结构突变的单位根过程：

$$\Delta X_t = \delta DP_t + \varepsilon_t \tag{4.44}$$

由定理 4.11 可知，*Wald* 统计量的渐近分布只与门限变量的取值范围 $\gamma \in \Gamma$ 有关。因而，本文在模拟其渐近临界值时，设定不同的 Γ 范围和不同的结构突变点进行模拟。用式（4.43）对式（4.44）生成的序列进行估计，检验统计量的计算采用式（4.40）。在模拟试验中，取 $T = 2000$，去除初始值 200 个，对于三个不同的门限变量范围 Γ（分别为 ［0.05，0.95］、［0.10，0.90］、［0.15，0.85］），各模拟 5000 次，得到四个统计量的 80%，90%，95%，99% 的分位点如表 4.9 所示。

表 4.9　　　　　　　　3 体制 SETAR 单位根检验的渐近临界值

trim	分位点	$l_b = 0.1$	$l_b = 0.2$	$l_b = 0.3$	$l_b = 0.4$	$l_b = 0.5$
0.05	0.80	6.58	7.35	7.59	7.81	8.03
	0.90	8.97	9.50	10.01	10.25	10.59
	0.95	11.13	11.70	12.31	12.25	12.49
	0.99	16.47	16.79	17.06	17.24	18.51
0.10	0.80	6.44	7.19	7.41	7.52	7.55
	0.90	8.70	9.43	9.82	9.89	9.89
	0.95	10.79	11.47	12.10	12.15	12.21
	0.99	16.18	16.04	16.78	16.99	17.96
0.15	0.80	6.41	7.03	7.34	7.44	7.59
	0.90	8.73	9.35	9.62	9.93	9.88
	0.95	10.85	11.24	11.88	12.04	12.23
	0.99	15.89	16.29	16.51	16.74	18.02

　　可以看到，其临界值比表 4.7 的临界值向右外移了，即临界值增大了。采用上表中的渐近临界值的模拟检验尺度和检验功效如表 4.10 所示。表中结果显示，Wald 检验统计量的检验尺度偏大，而对于（0.9，0.9）组合的检验功效，则普遍偏低。

表 4.10　　　　　　3 体制 SETAR 单位根检验的检验尺度和检验功效

(b_{11}, b_{21})	l_b	样本容量 T			
		100	200	350	500
(1.0, 1.0)	0.1	0.15	0.09	0.11	0.08
	0.2	0.15	0.12	0.07	0.05
	0.3	0.17	0.12	0.09	0.08
	0.4	0.14	0.09	0.07	0.06
	0.5	0.15	0.12	0.08	0.06

(b_{11}, b_{21})	l_b	样本容量 T			
		100	200	350	500
(0.2, 0.2)	0.1	0.93	0.97	1.00	1.00
	0.2	0.90	0.98	0.99	1.00
	0.3	0.94	0.96	1.00	1.00
	0.4	0.92	0.98	1.00	1.00
	0.5	0.93	0.95	0.98	1.00
(0.9, 0.9)	0.1	0.23	0.35	0.57	0.73
	0.2	0.25	0.42	0.53	0.71
	0.3	0.24	0.37	0.55	0.78
	0.4	0.26	0.37	0.58	0.75
	0.5	0.25	0.44	0.59	0.73

　　本书通过 bootstrap 临界值，进行检验尺度和检验功效的模拟试验结果如表 4.11 所示。结果显示，bootstrap 方法的检验尺度和检验功效均高于采用渐近临界值的检验方法。

表 4.11　　3 体制 SETAR 单位根检验的 bootstrap 检验尺度和检验功效

(b_{11}, b_{21})	l_b	样本容量 T			
		100	200	350	500
(1.0, 1.0)	0.1	0.07	0.04	0.07	0.06
	0.2	0.11	0.08	0.07	0.06
	0.3	0.11	0.08	0.07	0.07
	0.4	0.10	0.07	0.07	0.07
	0.5	0.09	0.08	0.06	0.05
(0.2, 0.2)	0.1	0.97	1.00	1.00	1.00
	0.2	0.97	0.97	1.00	1.00
	0.3	0.96	0.97	1.00	1.00
	0.4	0.97	0.98	1.00	1.00
	0.5	0.97	1.00	1.00	1.00

(b_{11}, b_{21})	l_b	样本容量 T			
		100	200	350	500
	0.1	0.47	0.73	0.90	1.00
	0.2	0.46	0.75	0.90	1.00
$(0.9, 0.9)$	0.3	0.38	0.77	0.86	0.99
	0.4	0.46	0.77	0.90	1.00
	0.5	0.40	0.84	0.91	1.00

4.3 非平稳条件下 SETAR 模型的估计参数推断

前文已经对 SETAR 模型的平稳性检验进行了相关讨论，在实际经济应用研究中，非平稳的 SETAR 模型也常被用来对一些经济现象进行建模。研究人员通常用自回归模型中的单位根检验来测算市场流动的有效性，如崔（Choi, 1999）以及陈和魏（Chan and Wei, 1988）。当模型（4.45）中建模变量 Y_t 为描述市场流动的指数时，当 $b_{10} = b_{20} = 0$，$b_{11} = 1$ 时，通过门限变量 r 和参数 $b_{21} < 1$，SETAR 模型可用以对有效市场向非有效市场的流动进行描述。按照第二章关于 SETAR 模型稳定性的讨论，此时 SETAR 模型是一个非平稳模型。

在实际应用中，如果一个 SETAR 模型检验得到的结论是非平稳的，那么这种情况下的 SETAR 模型的估计参数具有什么样的性质呢？本节将对这个问题进行探究。结合现有文献，也为了使问题更容易说明清楚，本节只对二体制的 SETAR 模型进行分析。对于如下的二体制 SETAR 模型：

$$X_t = \begin{cases} b_{10} + b_{11}X_{t-1} + \varepsilon_t & if \quad X_{t-1} > \gamma \\ b_{20} + b_{21}X_{t-1} + \varepsilon_t & if \quad X_{t-1} \leqslant \gamma \end{cases} \quad (4.45)$$

皮丘西里和乌尔霍德（Petruccelli and Woolford, 1984）证明了如果 $\{\varepsilon_t\}$ 满足零均值和有限方差，且概率密度函数在处处取值都为正，则该模型在 $b_{10} = b_{20} = 0$ 时平稳遍历的充分必要条件是：$b_{11} < 1$，$b_{21} < 1$，$b_{11}b_{21} < 1$。

平稳条件下的参数估计性质在陈（1993）以及陈和蔡（Chan and Tsay, 1998）已经有了相应的结论。而在非平稳条件下的参数估计性质则最早由帕姆、陈和汤（Pham, Chan and Tong, 1991）进行了相关研究，

他们在 $\gamma = 0$ 和 $b_{10} = b_{20}$（且 b_{10} 已知）的情形下，得到了 b_{11} 和 b_{21} 的 OLS 估计值是一致估计量的充分必要条件，即：

$(\hat{b}_{11}, \hat{b}_{21}) \xrightarrow{p} (b_{11}, b_{21}) a.s.$，当且仅当以下条件之一成立：（a）$b_{11} \leqslant 1$，$b_{21} \leqslant 1$，且 $b_{10} = 0$；（b）$b_{11} < 1$，$b_{21} \leqslant 1$，且 $b_{10} > 0$；（c）$b_{11} \leqslant 1$，$b_{21} < 1$，且 $b_{10} < 0$。

刘、凌和邵（Liu，Ling and Shao，2011）对上述第一种情况的参数估计性质进行了研究，给出了 $b_{10} = b_{20} = 0$，$b_{11} = 1$，且 $b_{21} < 1$ 时，模型（4.45）中 $\hat{b}_{11}$ 估计量的渐近性质。

对于模型（4.45），如果 $b_{10} = b_{20} = 0$，且 $EX_0^2 < \infty$，则下述两种情况下，

（a）$b_{11} = 1$，且 $b_{21} < 1$，并且 $\gamma \leqslant 0$；或

（b）$b_{11} = 1$，且 $b_{21} = -1$，并且 $\gamma \in R$，

此时模型（4.45）估计参数 $\hat{b}_{11}$ 具备如下渐近性质：

$$T(\hat{b}_{11} - 1) \xrightarrow{d} \frac{W(1)^2 - 1}{2\int_0^1 W(r)^2 dr} \tag{4.46}$$

这个渐近分布与迪基和富勒（Dickey and Fuller，1979）中 $T(\hat{\rho} - 1)$ 检验的渐近分布一致，都与模型参数 γ 和 b 都无关，该结果与陈（1993）在平稳条件下得到的结论显著不同。注意到，当 $b_{11} < 1$，$b_{21} = 1$，$r \geqslant 0$ 时，则满足 $T(\hat{b}_{21} - 1) \xrightarrow{d} \frac{W(1)^2 - 1}{2\int_0^1 W(r)^2 dr}$。

CH（2001）也讨论了单体制非平稳的参数渐近性质，但是 CH（2001）是针对门限变量为平稳变量 $\{X_{t-1} - X_{t-2}\}$ 的 MTAR 模型基础上得到的结论。同时，也注意到当 $b_{11} = 1$，且 $b_{21} < 1$，并且 $b_{10} = b_{20} < 0$，陈、皮丘西里和汤（Chan，Petruccelli and Tong，1985）已经证明模型（4.45）是平稳的，而对于 $b_{11} = 1$，且 $b_{21} < 1$，$\gamma \leqslant 0$ 并且 $b_{10} = b_{20} > 0$ 的情况，则有，$Y_T \geqslant b_{10} + \varepsilon_T + Y_{T-1} \geqslant Tb_{10} + \sum_t \varepsilon_t + Y_0$，此时 $Y_T \to \infty$，而 $\max_{k \in [1,T]}$ $\left| Y_k - kb_{10} + \sum_{t \to k} \varepsilon_t \right| \xrightarrow{p} O_p(1)$，刘、凌和邵（2011）指出，应用中心极限定理即可得到结论，$T^{3/2}(\hat{b}_{11} - 1) \xrightarrow{d} N\left(0, 3\frac{\sigma^2}{b_{10}^2}\right)$。

在刘、凌和邵（2011）中，没有得到关于 $\hat{b}_{21}$ 渐近分布的相关结论。

高、特森姆和尹（Gao, Tjøstheim and Yin, 2013）对模型（4.45）中的 $\hat{b}_{21}$ 渐近分布专门进行了讨论。

高、特森姆和尹（2013）应用零常返 Markov 链理论，得到结论：如果 $b_{11}=1$，且 $b_{21}<1$，$b_{10}=b_{20}=0$，则 $\{Y_t\}$ 是 β – 零常返 Markov 链，$\beta=1/2$。从而定理 4.12 成立。

定理 4.12：对于模型（4.45），当 $T\to\infty$ 时，

$$\sqrt{N(T)}(\hat{b}_{21}-b_{21})\xrightarrow{d}N(0,\ \sigma^4\sigma_1^{-2})$$

$$T(\hat{b}_{11}-1)\xrightarrow{d}\frac{(Q^2(1)-\sigma^2)}{2\int_0^1 Q^2(r)\,dr}$$

其中，$T^{1/2-\zeta_0}\leqslant\sqrt{N(T)}\leqslant T^{1/2+\zeta_0}$，$\zeta_0$ 为 $[0,\ 1/4]$ 之间的正实数，$Q(r)=\sigma W(r)$。

显然对于非平稳体制 1，定理 4.12 中关于 $T(\hat{b}_{11}-1)$ 渐近分布的结论与刘、凌和邵（2011）得到的结论一致，其收敛阶数为 T^{-1}。而对于平稳体制 2 中的估计量 $\hat{b}_{21}$，定理 4.12 揭示其收敛阶数为 $T^{-1/4}$（$N(T)$ 是 $O_p(T^{1/2})$ 的），且 $\sqrt{N(T)}(\hat{b}_{21}-b_{21})$ 收敛到正态分布。

高、特森姆和尹（2013）还将该研究进一步拓展到如下半参数的 SETAR 模型：

$$Y_t=b_{11}Y_{t-1}I(Y_{t-1}\in C_\tau)+g(Y_{t-1})I(Y_{t-1}\in D_\tau)+e_t$$

$g(\cdot)$ 是未知函数且当 $b_{11}=1$，定义域在 D_τ 中时，$g(\cdot)$ 函数有界。在一定假定条件下，高、特森姆和尹（2013）得到了 $(\hat{g}(Y_{t-1})-g(Y_{t-1}))$ 和 $T(\hat{b}_{11}-1)$ 的渐近分布性质，其中，$\sqrt{\sum_t K\left(\dfrac{Y-Y_{t-1}}{h}\right)I(Y_{t-1}\in D_\tau)}(\hat{g}(Y_{t-1})-g(Y_{t-1}))$ 收敛到一个正态分布，而 $T(\hat{b}_{11}-1)$ 收敛到一个复杂的维纳过程泛函。

由于刘、凌和邵（2011）以及高、特森姆和尹（2013）得到的 $T(\hat{b}_{11}-1)$ 的渐近分布与 DF 检验中无截距项估计式的 $T(\hat{\rho}-1)$ 渐近分布一致，因此，上述作者并未对给出该分布的临界值。

4.4　本　章　小　结

本章对 $SETAR$ 模型的单位根检验理论进行了探讨。

首先，研究了 2 体制 *SETAR* 单位根检验的相关理论，西奥（2008）讨论了估计方程不含截距项的 2 体制 SETAR 模型的单位根检验统计量——*Wald* 检验统计量的渐近分布。在假定存在序列相关的条件下，西奥（2008）得到了 *Wald* 检验统计量的一个与数据生成过程有关的渐近分布。该渐近分布并非标准分布，因而无法确定其临界值。本书在西奥（2008）的基础上考虑了含截距项的估计方程，在假设不存在序列相关的条件下推导得到了 *Wald* 检验统计量的渐近分布，该分布不受数据过程影响，模拟得到了其渐近临界值。用 Monte Carlo 模拟研究了采用渐近临界值和 bootstrap 临界值两种方法的有限样本性质，结论认为 bootstrap 方法在小样本下有较大的检验尺度优势，检验功效也得到了改善。

4.2 节研究了 3 体制 SETAR 模型的单位根检验理论。对 BBC（2004）和 BGG（2008）的检验方法做了详细介绍，这两个单位根检验方法都是针对 3 体制对称门限的 SETAR 模型。而卡普坦尼尔斯和欣恩（2006）则对中间体制被约束为单位根过程的 3 体制 SETAR 模型的单位根检验的 *Wald* 统计量进行了分析，认为这种情况下，不论门限值 γ_1、γ_2 为多少，$W_{(\gamma_1, \gamma_2)}$ 在原假设成立时都将收敛到定理 4.8 中的 W_0。本书将卡普坦尼尔斯和欣恩（2006）推广到估计方程含截距项的情况，并采用了 BBC（2004）的门限变量区间范围，推导得到了 *Wald* 统计量的渐近分布，并模拟得到了其渐近临界值。检验尺度和检验功效的模拟结果显示，样本容量较小时，bootsrtap 方法具有较大优势，但样本容量增大时，也可以考虑使用渐近临界值。

在含均值突变 SETAR 单位根检验的 Monte Carlo 模拟试验中，本书模拟得到了 *Wald* 检验统计量的渐近临界值，并对其有限样本下的检验功效与检验尺度与 bootstrap 方法进行了对比研究。模拟结果显示，不论是 2 体制模型还是 3 体制模型，都支持 bootstrap 方法具有检验优势的结论。

最后，对非平稳条件下，SETAR 模型的估计参数的统计推断性质进行了介绍。在特定的界定条件下，对于含单位根的 2 体制 SETAR 模型，单位根体制内估计系数，其参数分布是一个维纳过程的泛函；而非单位根体制的估计系数，其参数分布将收敛到正态分布中。

第 5 章

人民币汇率的均值回复过程与
局部非平稳
——基于 SETAR 模型的实证研究

　　近年来，我国经济虽然受到了国内消费不足和全球经济放缓等各种冲击，但总体上仍保持了稳定增长，其中外部经济起到了重要的推动作用。对外经济与汇率密切相连，而我国又是全球贸易最重要的参与者，因而有关人民币汇率的问题一直是世界经济、政治的焦点之一，也是国内外学术界研究和讨论的热点。长期以来，以美国为首的西方发达国家一直认为人民币被低估了，迫使人民币长期处于升值的高压势态；同时还持续向我国施加人民币汇率形成机制改革的压力。事实上，汇率形成机制的市场化改革已成为我国市场经济体制改革的重要内容。我国采取了一系列汇率制度改革措施以促进汇率形成机制的市场化，1994 年，实施汇率并轨，之后又分别在 2005 年 7 月和 2010 年 6 月两次启动了人民币汇改，实行以市场供求为基础、参考一篮子货币进行调节、有管理的浮动汇率制度。

　　尽管人民币在汇改后的升值幅度已达 25% 以上，但却仍一直被认为低估了。一个国家的汇率无论是被高估还是低估，都会让经济付出福利损失和效率下降等方面的代价。汇率的高估或低估相对于均衡汇率而言。估计均衡汇率是宏观经济学中一个具有挑战性的问题，加之人民币汇率形成机制还不是很完善，人民币均衡汇率问题显得尤为复杂。根据 "一价定理"，短期均衡汇率是长期均衡汇率的函数，前者趋向于后者或者围绕后者作上下波动，购买力平价（purchasing power parity，PPP）理论是长期均衡汇率的主要决定因素。尽管购买力平价理论是研究均衡汇率理论的重要方法，但由于数据不足和线性单位根检验的低功效，导致很多研究发现长期购买力平价理论不成立。随着计量经济学的发展，使用更长的数据和非线性单位根检验等计量技术发现，实际汇率发生 PPP 偏离时呈现缓慢的均值回复，由于交易成本的存在，该调整过程可能具有非线性特征甚至存在

Band of Inaction（BOI）区域。在 BOI 区域中实际汇率运动过程具有非平稳特性，类似随机游走过程。在此背景下，本书用 3 体制的 SETAR 模型对人民币汇率均值回复的调整过程进行研究，分析人民币汇率的均值回复过程的非线性动态调整特征以及该调整过程中的 BOI 区域，并用均值回复模型结果分析人民币升值和贬值的压力状态。

5.1　均衡汇率的研究现状

均衡汇率是指既能保持国际收支外部均衡，又不会导致国内过度失业的汇率水平，是经济内外均衡相适应的汇率水平。学术界就均衡汇率是否存在以及如何衡量等问题一直存在争论。对于是否存在可识别的均衡汇率，弗里德曼认为，市场所形成的汇率都是均衡的；米斯和罗格夫（Meese，R. A. and K. Rogoff，1983）通过实证模型检验发现，基于现有汇率理论的所有解释因素都不能有效地对汇率变动做出解释，基于这些理论建立的模型与随机游走模型也并无显著差别，罗格夫（Rogoff，K.，2009）的实证结果也支持了这一结论；更多学者则倾向于认为均衡汇率不是一个静态概念，会因经济变量变化而不断发生变化。

实际汇率的均衡值是不可观察的，只能通过一定的方法来估计得到。一般认为衡量均衡汇率的理论方法有两类：一是基于宏观经济平衡角度的方法（Isard，P. and Faruqee，H.，1998）以及伊萨德（Isard，P.，2001））；二是基于价格角度的购买力平价法。基于宏观经济平衡角度的方法以威廉姆森和伯格斯坦（Williamson，J. and C. F. Bergsten，1985）的基本因素均衡汇率法（FEERs）为代表，包括了自然实际汇率法（NATREX）和行为均衡汇率法（BEERs）等（蒙铁尔，1999；克拉克和麦当劳，1999）。其基本思路是依据资本流入等因素确定一国的经常账户目标，然后再在估算出的合理产出水平以及汇率弹性等指标基础上推算出内外均衡一致的汇率水平。

购买力平价理论也是最主要的汇率决定理论之一，它为各国货币之间均衡汇率的评估奠定了基础。购买力平价的理论基础是"一价定理"，该方法要求先确定一个经济处于宏观平衡状态的基期，然后将该时期的实际汇率作为所有考察时期内的实际汇率均衡值的估计。有关购买力平价理论的研究文献非常丰富，较早的文献以研究 PPP 偏离的因素及解释力为主，如著名的"巴拉萨—萨缪尔森"效应以及克鲁格曼（Krugman，P. R.，1986）提出的不完全竞争市场中的"价格—市场"传导机制。近年来，研究热点从解释 PPP 偏离转向了对这种偏离的均值回复过程进行研究。均值回复与购买力平价紧密相连，购买力平价成立意味着现实中实际汇率是均值回复的（张卫平，2007）。但从购买力平价无法得到实际汇率的均值回复形式，早期对实际汇率行为的建模主要用线性 AR 模型，但线性 AR 模型一直被非平稳性问题所困扰，这显然与购买力平价不相符。使得许多文献使用长时间序列数据（Cheung and Lai，1993；Lothian and Taylor，1996）和面板数据（Frenkel and Rose，1996；Taylor and Sarno，1998）对实际均衡汇率进行平稳性检验，得到的结论一般是平稳的，即符合购买力平价定理。奥布斯特费尔德和泰勒（1997）以及奥布斯特费尔德和罗格夫（2001）认为，均值回复过程是一个非线性的调整过程，用 SETAR 模型对均值回复过程进行建模描述。也有学者建立其他的非线性时间序列模型，如泰勒，皮尔和萨尔诺（Taylor，Peel and Sarno，2001）建立 LSTAR 模型，贝格曼和汉松（Bergman and Hansson，2005）建立了 MSAR 模型，都研究汇率的均值回复问题。关于实际汇率偏离的回复力量，通常被认为来源于贸易品的套利，瑟库和鲍尔（Sercu，P. and R. Uppal，1995）以及泰勒（2001）在分割市场中考虑交易成本时，认为交易成本的存在使得套利者在实际汇率偏离达到一定程度才进行套利活动，得到了实际汇率存在一个"无贸易区间（band of inaction）"的结论[①]。泰勒（2001）用对称的 3 机制 SETAR 模型（Band–TAR）对存在交易成本时的平稳 PPP 偏离的均值回复过程进行建模描述。而对于非线性 SETAR 模型的非平稳性及检验方法，在贝克和本萨勒姆（2004）、卡普坦尼尔斯和欣恩（2006）以及贝克和瓜伊（2008）等文献中有研究，并给出了相应的单位根检验结论，这些技术和结论可以应用到汇率的均值回复过程模型中。

有关人民币均衡汇率、影响因素及失调等问题，国内外学者也进行了不少探索。易纲和范敏（1997）从购买力平价、利率平价、国际收支以及中央银行货币政策等方面对人民币汇率影响因素及走势进行了分析。张晓朴（1999）在探讨 90 年代以来新兴的均衡汇率理论的基础上，选取贸易条件、劳动生产率、广义货币供应量、国外净资产和利率以及国外净资产

---

① 前文中，实际汇率调整过程的"band of inaction"与这里的"无贸易区间"是等同概念，在第二节的理论基础部分将专门对此进行理论阐述。

输入量构建了人民币均衡汇率的理论框架。张斌（2003）则认为，促成人民币在中长期升值的原因主要来自供给方面，巴拉萨—萨缪尔森效应和FDI的持续流入是促成人民币均衡汇率持续升值的最终原因。达纳维和利（Dunaway，S. V. and L. Leigh，2006）在研究人民币汇率时发现模型设定的微小变化、解释变量的定义和样本期限选择都会导致均衡实际汇率出现较大的差别。金雪军和王义中（2008）区分了人民币汇率在产品市场和资产市场上的均衡、失调和波动，得出了人民币实际汇率的短期和长期均衡值，发现人民币不存在严重高估和低估；同时认为产品市场上实际汇率长期波动主要源自相对供给冲击，资产市场上短期波动则主要来自自身调整机制和相对货币供给冲击。

在人民币汇率的非线性特征研究方面，近期也出现了较多文献。刘金全和郑挺国等（2007）在货币模型框架下，利用恩德斯和斯克罗斯（2001）的门限协整方法研究人民币名义汇率与基本因素均衡汇率估计值的偏离，通过建立2体制SETAR和MTAR模型发现人民币均衡汇率偏离呈现非线性调整，表现为快速和长期持续两种不同的均值回复过程，均衡汇率偏离具有显著的门限效应。王璐（2007）采用STAR模型对人民币、港币、日元以及英镑四种汇率进行建模，发现四种汇率均呈现均值回复，并且通过检验发现，除人民币外其他三种货币汇率服从对称制度的ESTAR模型。靳晓婷和张晓峒等（2008）对用人民币对美元名义汇率差分序列对汇率的波动进行了计量研究，通过建立基于不同时间段汇率数据的门限自回归模型（TAR）可以看到，人民币汇率波动存在门限的非线性特征，当升值幅度较大，即大于一定的门限值时，升值的冲击显示出更持久的延续性，体现出了升值预期的作用和升值不断加速的趋势。项后军和潘锡泉（2010）认为，2005年7月人民币汇改对汇率数据生成过程确实产生了结构性变化的冲击，其结果是使得汇率均值无法回复到突变前的水平，升值性汇改政策的实施基本扭转了汇率长期处于低估的局面。朱孟楠和尤海波（2013）使用门限自回归模型对月度实际汇率数据检验了人民币对主要贸易伙伴国家或地区货币是否满足长期购买力的平价理论，认为人民币对新加坡元和人民币对日元的序列存在向其均值回复的趋势。

在现有对人民币汇率的研究中，尚无对实际汇率调整的BOI区域进行研究的文献，因而较多地采用了2体制的SETAR模型对汇率的均值回复过程进行研究。在数据处理方面，主要以汇率差分序列研究汇率波动的均值回复过程，或估计均衡汇率的方式得到实际值与估计值的偏离序列再进行研究。考虑到我国汇率形成机制改革造成短期均衡汇率的结构性变化，本书采用估计趋势的方法对人民币汇率进行退势，用 3 体制 SETAR 研究人民币汇率退势序列 PPP 偏离的均值回复调整过程及该过程中的 BOI 区域。本章共分 5 节内容，5.1 节是均衡汇率的研究现状；5.2 节介绍实际汇率存在 BOI 区域的理论，并对本书所使用的计量方法进行说明；5.3 节对数据处理、非线性单位根检验和模型设定进行说明；5.4 节给出模型的实证结果；5.5 节为本章小结。

5.2 理论基础与计量方法

在这一部分，我们先通过对瑟库和鲍尔（1995）以及贝克和本萨勒姆（2004）考虑的两国经济模型进行简化，用单部门两国经济模型来说明汇率均值回复过程中 BOI 区域（局部非平稳性）的存在；然后结合门限自回归（TAR）模型[①]对本书所使用的计量方法的基本框架进行说明。

在这个两国经济模型中，每个国家都只有一个代表性家庭。国家 i（$i = 1$, 2）在 t 期的禀赋为 q_{it} 数量的同质且不可储存的消费性可贸易商品，禀赋 q_{it} 是一个随机过程。由于本模型中商品的单一性，国家间的贸易仅与消费和价格等因素有关。假定存在贸易损耗，以此来代表贸易成本，即 1 单位贸易商品的到岸数量为 $\dfrac{1}{1+\lambda}$。国家 i 的家庭考虑最大化如下效用函数：

$$E\left\{\sum_{t=0}^{\infty}\beta^{t}U(c_{it})\right\}, 0 < \beta < 1 \tag{5.1}$$

在式（5.1）中，c_{it} 是消费，两个国家的消费函数 $U(\cdot)$ 和折现因子 β 都假定相同，$U(c_{it}) = \log c_{it}$。

$nx_{it} = x_{it} - z_{it}$ 代表国家 i 的净进口，x_{it} 是出口，z_{it} 是进口。本模型是单贸易品模型，因此贸易总是单边的。当 $x_{1t} > 0$ 时，$x_{2t} = z_{1t} = 0$，$z_{2t} = \dfrac{x_{1t}}{1+\lambda}$。国家禀赋约束为：

$$q_{it} = c_{it} + nx_{it} \quad i = 1, 2 \tag{5.2}$$

在完全市场假定条件下，竞争性均衡可通过求解如下优化问题得到：

---

① TAR 模型一般分为 SETAR 模型和 MTAR 模型，SETAR 模型的门限变量是原序列的滞后序列，而 MTAR 模型的门限变量是差分序列的滞后序列，本书采用 SETAR 模型建模。

$$\max_{c_{1t}, c_{2t}} E\left\{ \sum_{t=0}^{\infty} \beta^t \left(U(c_{1t}) + U(c_{2t}) \right) \right\} \tag{5.3}$$

将效用函数代入式（5.3），得到式（5.4）：

$$\max_{nx_{1t}, nx_{2t}} \left(\log(q_1 - nx_{1t}) + \log(q_{2t} - nx_{2t}) \right) \tag{5.4}$$

如果，国家 1 出口，则目标函数变为：

$$\max \left(\log(q_{1t} - x_{1t}) + \log\left(q_{2t} + \frac{x_{1t}}{1 + \lambda} \right) \right) \tag{5.5}$$

式（5.5）的一阶条件是：

$$\frac{U'(c_{1t})}{U'(c_{2t})} = \frac{1}{1 + \lambda} \Rightarrow x_{1t} = \frac{q_{1t} - (1 + \lambda) q_{2t}}{2} \tag{5.6}$$

从而得到，国家 1 出口 x_{1t} 大于 0 的条件是 $\dfrac{q_{1t}}{q_{2t}} > 1 + \lambda$。同理，如果国家 2 是出口国，则可以得到国家 1 出口 x_{2t} 大于 0 的条件是 $\dfrac{q_{2t}}{q_{1t}} > 1 + \lambda$。实际汇率 r_R 在此被定义为两国家户的边际效用函数之比 $\dfrac{U'(c_{2t})}{U'(c_{1t})}$，因此，当下式成立的时候，两个国家间将不存在贸易：

$$\frac{1}{1 + \lambda} < \frac{U'(c_{2t})}{U'(c_{1t})} = \frac{q_{1t}}{q_{2t}} = r_R < 1 + \lambda \tag{5.7}$$

瑟库和鲍尔（1995）指出，在这个无贸易的区间（BOI）内，一国的汇率变化由该国禀赋所服从的随机过程决定，这个过程通常可能是一个非平稳的 $I(1)$ 单位根过程。但是这个非平稳过程只是局限于在这个区域内，是局部的。如果由于一国产出上升或下降，导致禀赋比例超越了这个式（5.7）所描述的边界，此时贸易（套利行为）是有利可图的，从而两国之间的贸易被重新激活，汇率也将同时向式（5.7）中最近的一个边界运动。如前文所述，研究人员发现实际汇率的均值回复过程在全局上可能不是线性的，上述理论基础则说明了国际贸易之间存在的交易成本可能是实际汇率非线性行为和非线性调整中 BOI 区域存在的主要原因。这种交易成本的存在使得贸易品套利只在实际汇率发生比较大偏离时才发生；在偏离较小的时候，没有动力使实际汇率向均衡回复。

结合已有文献和实际汇率的特征，本书使用自激励门限自回归（SETAR）模型对上述均值回复过程进行研究。假定实际汇率 r_{Rt} 可以由趋势 $dm(t)$ 和随机过程 u_t 来表示，则上述均值回复过程应该使用 3 体制的 SETAR 模型描述如下：

$$r_{Rt} = dm(t) + u_t$$

$$u_t = \begin{cases} \phi_{10} + \phi_{11}u_{t-1} + \cdots + \phi_{1p}u_{t-p} + \varepsilon_t & if \quad u_{t-d} \leqslant \gamma_1 \\ \phi_{00} + \phi_{01}u_{t-1} + \cdots + \phi_{0p}u_{t-p} + \varepsilon_t & if \quad \gamma_1 < u_{t-d} < \gamma_2; \quad t = 1, 2, \cdots, T \\ \phi_{20} + \phi_{21}u_{t-1} + \cdots + \phi_{2p}u_{t-p} + \varepsilon_t & if \quad u_{t-d} \geqslant \gamma_2 \end{cases}$$

$$(5.8)$$

式（5.8）为标准的 SETAR 模型，称之为标准式。式中 $dm(t)$ 为序列 r_{Rt} 的趋势项，是外部冲击对实际汇率造成结构性变化致使均衡汇率动态变化的结果。u_t 是通过退势得到的零均值过程，可反映实际汇率在退势后的运动状态。ε_t 为 $iid(0, \sigma^2)$。u_{t-d} 被称为 SETAR 模型的门限变量，d 为延迟参数，γ_1 和 γ_2 是门限值，p、d 要求为正整数，$-\infty < \gamma_1 < \gamma_2 < +\infty$。巴尔克和姆比（1997）证明了 3 体制 SETAR 模型的几何遍历的充分（非必要）条件是外面两个体制的滞后算子多项式的特征根在单位圆之外，即 $\Phi_m(L) = 1 - \sum_{j=1}^{p} \phi_{mj}L^j \ (m = 1, 2)$ 的特征根在单位圆之外[①]。这种几何遍历性允许存在局部的非平稳，比如中间体制是非平稳的，而其他体制是平稳的。这种特征正好与本书研究的实际汇率非线性调整中的 BOI 区域有着一致的表达形式。

因式（5.8）还可以写成以下等价形式：

$$r_{Rt} = dm(t) + u_t$$

$$\Delta u_t = \begin{cases} \mu_1 + \rho_1 u_{t-1} + \alpha_{11}\Delta u_{t-1} + \cdots + \alpha_{1p-1}u_{t-p+1} + \nu_t & if \quad u_{t-d} \leqslant \gamma_1 \\ \mu_0 + \rho_0 u_{t-1} + \alpha_{01}\Delta u_{t-1} + \cdots + \alpha_{0p-1}u_{t-p+1} + \nu_t & if \quad \gamma_1 < u_{t-d} < \gamma_2; \quad t = 1, 2, \cdots, T \\ \mu_2 + \rho_2 u_{t-1} + \alpha_{21}\Delta u_{t-1} + \cdots + \alpha_{2p-1}u_{t-p+1} + \nu_t & if \quad u_{t-d} \geqslant \gamma_2 \end{cases}$$

$$(5.9)$$

式（5.9）也被称为"ADF"式，式中 $\nu_t \sim iid(0, \sigma^2)$。本书运用这个模型来检验人民币汇率 PPP 偏离的均值回复过程是否存在 BOI 区域，这个区域在 3 体制的 SETAR 模型中可描述成中间体制为单位根，也即 $\rho_0 = 0$。考虑到局部非平稳性的存在，滞后参数 d 的估计往往并不准确，u_{t-1}，u_{t-2}，u_{t-3} 可能是极为类似的过程，因此本书参考泰勒（2001）设定参数 $d = 1$。

在上述框架下，本书实证研究的计量方法也就已确立。首先，用贝克

---

① 贝克和本萨勒姆（2004）给出了一个更弱的充分条件，但表述上稍显复杂，具体见本书第 2 章关于 TAR 模型平稳性讨论的内容。

和本萨勒姆（2004）提供的 SETAR 模型单位根检验方法进行非线性单位根检验，该方法是假定 SETAR 模型的前提下，用 sup*LR*、sup*Wald*、sup*LM* 统计量检验总体平稳性的非线性单位根检验方法。其次，在检验结果为平稳的前提下运用汉森（1999）方法对序列进行门限效应检验，并为数据选择恰当的 SETAR 模型。最后，估计 SETAR 模型，分别进行无约束参数估计和施加对称约束的参数估计，以考察人民币对美元的汇率是否为对称的 SETAR 均值回复过程。

5.3 数据与模型设定

根据相对购买力平价理论，实际汇率可以用名义汇率 r 表示成 $r_R = \dfrac{r p_f}{p_h}$，其中，p_h 是国内价格，p_f 是国外价格，定义对数形式的实际汇率如下：

$$\ln r_{Rt} = \ln r_t + \ln p_f - \ln p_h \tag{5.10}$$

本书依据式（5.10）估计人民币实际汇率。考虑到价格水平难以准确获取，参照张卫平（2007）本书采用价格指数数据 CPI 进行计算，这样式（5.10）左边得到的 $\ln r_{Rt}$ 是实际汇率指数的对数值[①]，同样能方便地研究实际汇率的变动趋势。泰勒（2001）指出，研究 PPP 理论时，如果使用月度、季度或年度等相对低频数据，会导致汇率均值回复半衰期估计的偏倚和单位根检验功效的降低。本书使用我国 2005 年汇率制度改革之后人民币对美元的日度汇率数据作为研究样本，数据来自国家外汇管理局对外公布名义汇率，数据区间为 2005 年 7 月 25 日 ~ 2013 年 8 月 26 日，去除节假日等不开市日期，数据样本总计 1969 条。我国 CPI 数据来自国家统计局经济统计数据库，美国 CPI 数据来自 IFS。由于 CPI 为月度数据，本书对每月的日度数据全部采用当月 CPI 值进行计算。

5.3.1 样本数据统计分析

对数的名义汇率（LOG（NER））和对数的实际汇率（LOG（RER））

[①] 实际汇率指数与实际汇率本身在数值上是不等的。实际汇率是名义汇率经过价格水平调整的值，经过价格指数调整的名义汇率，准确地说，是实际汇率指数，它们有着相同的变动趋势，在均值回复特征的研究中这种替代是可行的。

序列走势如图 5.1 所示。我国在 2005 年 7 月实行以市场供求为基础、参考一篮子货币进行调节、有管理的浮动汇率制度，人民币对美元汇率也随即开始了升值调整一直到 2008 年进入"6"时代，并在 2008 年 7 月份逐步趋稳。2010 年 6 月，我国再次启动了人民币汇率形成机制改革，人民币对美元汇率再次开始升值之路并一直延续至今。如图 5.1 所示，人民币对美元汇率对数序列的走势被 2008 年 7 月 9 日和 2010 年 6 月 21 日两个时间点大致分为三个区间段。正如张卫平（2007）指出，长期数据由于时间跨度长，往往含有结构性变化。在本书选取的较长样本期内，我国汇率形成机制改革对短期均衡汇率造成了结构性变化，这种变化是朝着长期均衡汇率调整，本书研究实际汇率的均值回复过程，因而，有必要对实际汇率数据进行退势处理。

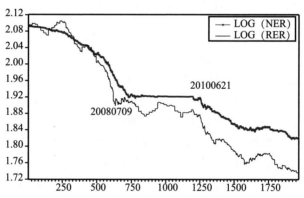

图 5.1　LOG（NER）和 LOG（RER）序列的走势

对于式（5.8）和式（5.9）中序列 $\ln r_{Rt}$ 的趋势项 $dm(t)$ 的估计，本书采用参数和非参数两种方法。对于参数方法（后文中标识为 Model I），采用如式（5.11）分段拟合的方式：

$$r_t = \underset{(494.58)}{1.916} - \underset{(-6.35)}{2.53 \times 10^{-5}t} + \underset{(41.78)}{0.171d_1} + \underset{(16.63)}{1.55 \times 10^{-4}d_1t} - \underset{(-50.99)}{5.74 \times 10^{-7}D1t^2}$$
$$+ \underset{(27.00)}{0.657d_2} - \underset{(-26.40)}{8.18 \times 10^{-4}d_2t} + \underset{(22.34)}{2.16 \times 10^{-7}d_2t^2} + u_t$$
$$F = 26587.16 \quad R^2 = 0.99 \quad DW = 0.024 \tag{5.11}$$

式（5.11）中估计系数的统计量值在其下方括弧中，其中，$d_1 = 1\{t \in [20050725, 20080709]\}$，其余为 0；$d_2 = 1\{t \in [20100621, 20130826]\}$ 其余为 0；两者均为虚拟变量。$R^2 = 0.99$ 表明该模型对数据拟合良好，$DW = 0.024$ 说明残差（退势序列）存在自相关，因此，后续对退势序列建立门限自回归模型是合适的，退势序列如图 5.2 所示。

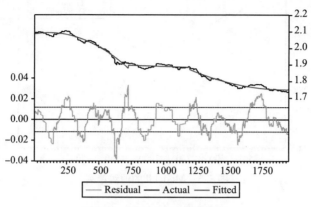

图 5.2　Model I 的退势序列

对于提取趋势项的非参数方法（后文中标识为 Model II），本书选取了常用的 HP 滤波法。为简要说明 HP 滤波的原理，考虑序列 $y_t = tr_t + \zeta_t$，tr_t 为 y_t 的趋势成分，是不可观测值。序列 y_t 中不可观测的趋势 tr_t 被定义为最小化问题 $\min\left\{\sum_t (y_t - tr_t)^2 + \lambda \sum_t (tr_{t+1} + tr_{t-1} - 2tr_t)^2\right\}$，不同的 λ 值决定了趋势成分不同的平滑程度。当 $\lambda = 0$ 时，有 $y_t = tr_t$；随着 λ 值的增加，估计的趋势越光滑；当 $\lambda \to \infty$ 时，估计的趋势就趋近于线性函数。但 λ 取值决定着趋势成分对实际序列的跟踪程度和趋势光滑度之间的权衡选择。分别用 σ_{tr}^2 和 σ_ζ^2 表示时间序列中 tr_t 和 ζ_t 的方差，则 λ 值最优取值为 $\lambda = \dfrac{\sigma_{tr}^2}{\sigma_\zeta^2}$。经验表明，对于年度数据 λ 取值一般为 100；季度数据 λ 取值一般为 1600；月度数据 λ 取值一般为 14400；本文使用的是日度数据，取 $\lambda = 450000$。

HP 滤波能非常方便地提取趋势项，实际汇率的 HP 滤波退势序列如图 5.3 所示。本书对退势后的序列进行分析，研究汇率偏离趋势的均值回复过程。

退势后，Model I 退势序列的标准差（0.0118）比 Model II 的退势序列标准差（0.004）大。表 5.1 统计了两个退势序列的频数分布情况，从表中也可看出 Model I 退势序列离散程度更大些，值域范围为 [−0.04，0.034]；而 Model II 退势序列的值域范围为 [−0.021，0.013]。

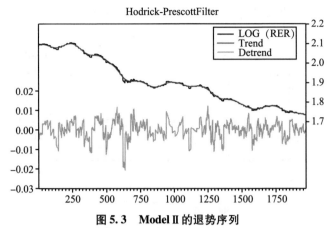

图 5.3　ModelⅡ的退势序列

表 5.1　　　　　　　　Model Ⅰ 和 Model Ⅱ 退势序列的频数分布

Model Ⅰ			Model Ⅱ		
值	频数	比例（%）	值	频数	比例（%）
[−0.04, −0.014)	268	13.59	[−0.021, −0.005)	204	10.35
[−0.014, −0.008)	247	12.55	[−0.005, −0.003)	196	9.95
[−0.008, −0.004)	261	13.25	[−0.003, −0.001)	308	15.65
[−0.004, 0)	228	11.58	[−0.001, 0)	211	10.72
[0, 0.004)	218	11.08	[0, 0.001)	248	12.60
[0.004, 0.008)	176	8.94	[0.001, 0.003)	334	16.97
[0.008, 0.014)	349	17.73	[0.003, 0.005)	260	13.20
[0.014, 0.034]	222	11.28	[0.005, 0.013]	208	10.56
合计	1969	100	合计	1969	100

5.3.2　单位根检验

对时间序列进行建模之前需要排除虚假回归的情况，因此首先应对序列进行单位根检验。长期以来，检验真实汇率的平稳性是一种被广泛用于检验 PPP 的方法，研究人员用线性 ADF 检验方法对真实汇率进行单位根检验，试图模拟出实际汇率的平稳线性过程，但结论往往都是不能拒绝单位根，也即 PPP 的偏离是不具备均值回复的。前文文献综述部分提到大量研究表明汇率的均值回复过程可能是一个非线性调整过程，对于用非线性模型研究的序列，其平稳性检验需要使用非线性单位根检验法。因而，本书使用贝克和本萨勒姆（2004）的 SETAR 单位根检验方法，在式（5.9）的"ADF"式中，其原假设 H_0 表示为：$\rho_1 = \rho_0 = \rho_2 = 0$，提供了 sup$LR$、sup$LM$、sup$Wald$ 三个检验统计量进行检验，由于三个统计量的渐近分布收敛到标准分布，该标准分布是一个与被估参数无关的分布（具体参阅原文），故无须使用 Bootstrap 方法获取临界值。单位根检验结果如表 5.2 所示，可以看到 Model I 和 Model II 中两个退势序列的统计量值均大于 5% 的临界值，拒绝了存在单位根的原假设，其中，Model II 统计量值远远大于 Model I，说明 Model I 具有相对较强的持续性，更趋近于非平稳，可视作一个近单位根过程（nearly unit root process）。

表 5.2　　　　　　　　　　　　非线性单位根检验结果

统计量名称	Model I	Model II	临界值	
	统计量值	统计量值	5%	10%
supLR	21.85	41.35	17.898	15.772
supLM	21.73	40.92	17.63	15.587
sup$Wald$	21.98	41.92	18.4	16.181

5.3.3　模型设定

由于上述单位根检验是在 SETAR 非线性条件的假定下进行，Model I 和 Model II 中两个退势序列在该假定下都是平稳的过程。现对模型的非线性假定进行检验，并进一步确定 SETAR 模型设定的最佳选择。由滞后阶数选择的信息准则，很方便地确定两个退势序列的自回归滞后阶数都是 $p = 1$。我们在此基础上，使用汉森（1999）方法进行模型 SETAR 非线性特征检验和模型设定选择。汉森（1999）建议以 SETAR 模型的残差平方和（SSR）最小化为目标进行门限值估计，门限值的搜索方法使用陈（1993）方法。第二个门限值的确定是以第一个已搜索到的门限值为条件，进行第二次搜索。构造 F 统计量 $F_{ij} = T(SSR_i - SSR_j)/SSR_j$ 进行门限效应显著性的检验，SSR_i 表示 i 体制 SETAR 模型的残差平方和。F_{ij} 可以比较 i 体制 SETAR 模型与 j 体制 SETAR 模型是否存在显著差别，如 F_{21} 用来比较应该建立线性 AR 模型还是建立 2 体制的 SETAR 模型，可视为模型的非线性特征检验。

表 5.3 是退势序列的非线性特征检验和模型设定的比较选择结果[①]，F 统计量地临界值采用 Bootstrap 方法得到。可以看到 Model I 在 1 vs. 2 和 1 vs. 3 的检验中，统计量值均大于 5% 水平的临界值，在 5% 的显著性水平下拒绝了线性 AR 模型；在 2 vs. 3 的检验中，拒绝了建立 2 体制的 SETAR 模型，从而 Model I 应该建立 3 体制的 SETAR 模型。对 Model II 的分析类似，在 1 vs. 2 检验中统计量值小于 10% 水平下的临界值，即在 10% 显著性水平下仍没有拒绝线性 AR 模型；但在 1 vs. 3 和 2 vs. 3 检验中都显著拒绝了线性 AR 模型和 2 体制 SETAR 模型，所以，Model II 也应该建立 3 体制的 SETAR 模型。

表 5.3 　　　　　　　**非线性特征检验及模型设定的比较选择结果**

模型选择	Model I			Model II		
	统计量值	Bootstrap 临界值		统计量值	Bootstrap 临界值	
		5%	10%		5%	10%
1 vs. 2	18. 844	11. 049	10. 724	7. 843	9. 257	7. 991
1 vs. 3	26. 77	19. 399	19. 116	22. 404	15. 613	14. 424
2 vs. 3	13. 853	11. 674	11. 254	14. 501	10. 002	9. 359

5.4　实　证　结　果

由 5.3 节结果我们分别对 Model I 和 Model II 中两个退势序列建立 3 体制的 SETAR 模型，用标准式（5.8）和"ADF"式（5.9）各估计一次。标准式（5.8）的经济含义更鲜明，而"ADF"式（5.9）则有助于理解各体制的局部平稳性。

---

　　① 表 5.3 中，$i\,v.\,sj$ 表示的是 i 体制 SETAR 模型与 j 体制 SETAR 模型的对比，原假设是建立 i 体制的 SETAR 模型。

5.4.1 无约束模型估计结果

表 5.4 为无约束的 SETAR 模型的估计结果，表中"Inner"体制是 3 体制中的内体制，即 $\gamma_1 < u_{t-1} < \gamma_2$ 的体制；"Outer 1"体制是外体制中的低体制（low regime，$u_{t-1} \leqslant \gamma_1$），代表汇率处于升值区间内；"Outer2"是外体制中的高体制（high regime，$u_{t-1} \geqslant \gamma_2$），代表汇率处于贬值区间内。

表5.4   **无约束 SETAR 模型的估计结果**

体制 （Regime）	系数	Model I			Model II		
		标准式	"ADF"式	比例	标准式	"ADF"式	比例
Outer 1	$\phi_{11}(\rho_1)$	0.937 *** (102.957)	-0.054 *** (-5.317)	25.88%	0.919 *** (78.820)	-0.083 *** (-7.060)	58.21%
	α_{11}	—	-0.026 (-0.718)		—	0.021 (0.773)	
Inner	$\phi_{01}(\rho_0)$	1.006 *** (89.027)	0.005 (0.478)	55.67%	0.942 *** (29.926)	-0.045 (-1.445)	21.25%
	α_{01}		0.071 (1.160)			0.142 (1.661)	
Outer 2	$\phi_{21}(\rho_2)$	0.968 *** (99.512)	-0.029 ** (-2.683)	18.45%	0.933 *** (59.683)	-0.078 *** (-4.990)	20.54%
	α_{21}	—	0.164 (0.667)		—	0.024 (0.535)	
门限 （u_{t-1}）	γ_1 γ_2		-8.05×10^{-3} 11.19×10^{-3}			0.91×10^{-3} 3.41×10^{-3}	

注：表中 *、** 和 *** 分别代表在显著水平 0.1、0.05、0.01 下的显著性。

Model I 中无约束 SETAR 模型的门限估计值为 $\gamma_1 = -0.00805$，$\gamma_2 = -0.001119$，三个体制中间体制的样本数据占比最大为 55.67%。如前所述，由于 Model I 较 Model II 具有更强的持续性，是一个总体平稳的近单位根过程，因此，无约束 SETAR 模型的三个体制都有非常强的持续性，$\phi_{11} = 0.937$，$\phi_{01} = 1.006$，$\phi_{21} = 0.968$。此外，由"ADF"式的估计结果

可知，在 Model I 中，"Inner"体制估计结果为 $\rho_0 = 0.005$，t 统计量是
0.478，不能拒绝该体制为单位根过程。虽然在非线性单位根检验时得到
了退势序列为总体平稳的序列，但从 SETAR 模型估计结构可以看到"In-
ner"中间体制是一个非平稳的单位根过程，即存在 BOI 区域（局部非平
稳性）。

两个外体制中，"Outer 1"体制的比例比"Outer 2"体制多，即汇率
处于升值区间的比例较多，显示出有较大的升值压力。用泰勒（2001）中
的计算半衰期[①]（half-life）的方法，可得到两个外体制的半衰期分别为
10.65 天，21.31 天；由于中间体制是单位根过程，我们不讨论其半衰期。
汇率到了升值区间的均值回复时间短只需大约 10 天，说明人民币汇率升
值压力大，但是升值意愿并不强烈，市场或其他干预力量让其较快回复；
而人民币贬值时，则有较强的停留在贬值体制内的意愿，进入贬值体制时
平均约需 21 天才能回复到短期均衡水平。

Model II 退势序列的平稳性相对较好，无约束 SETAR 模型的估计结果
显示，"Outer 1"体制的占比达到了 58.21%，也即汇率处于升值区间的
比例较 Model I 更多，显示出更大的升值压力。从"ADF"式估计结果看，
Model II 中"Inner"体制 $\rho_0 = -0.045$，t 统计量是 -1.445，接受该体制为
单位根过程，与 Model I 结论一致，存在 BOI 区域。Model II 中 BOI 区域的
比例较 Model I 中小很多，显示只有 21.25% 的数据处于非平稳的单位根
过程体制中。在 Model II 中，由系数估计值 $\phi_{11} = 0.919$ 可得到该体制的半
衰期为 8.21 天；在贬值区间的均值回复时间为 10.03 天。

5.4.2　约束模型估计结果

在典型的汇率调整研究文献中，对称的非线性模型使用较为广泛，如
瑟库和鲍尔（1995）、米歇尔和诺贝（1997）、泰勒（2001）以及贝克和
本萨勒姆（2004）认为汇率的 PPP 偏离是一个对称调整过程。本书首先
约束对称门限，进行估计；在约束完全对称体制，进行估计。表 5.5 是对
式（5.9）和式（5.10）约束 $\gamma_1 = -\gamma_2$ 时，即对估计方程施加对称门限约
束后得到的估计结果。

---

① 半衰期常常作为衡量汇率受到影响变化后，调节到新平衡点这一过程平均所需花费的
时间。

表 5.5 门限对称约束下 SETAR 模型的估计结果

体制 (Regime)	系数	Model I			Model II		
		标准式	"ADF"式	比例	标准式	"ADF"式	比例
Outer 1	$\phi_{11}(\rho_1)$	0.946 *** (91.398)	−0.084 *** (−6.671)	26.18%	0.910 *** (66.349)	−0.096 *** (−6.986)	16.07%
	α_{11}	—	−0.042 (−1.252)		—	0.009 (0.232)	
Inner	$\phi_{01}(\rho_0)$	1.002 *** (75.112)	0.001 (−0.091)	44.54%	0.951 *** (28.386)	−0.044 (−1.464)	65.72%
	α_{01}	—	0.067 (0.921)		—	0.105 (1.487)	
Outer 2	$\phi_{21}(\rho_2)$	0.957 *** (86.334)	−0.041 ** (−2.712)	29.28%	0.912 *** (66.262)	−0.091 *** (−6.593)	18.21%
	α_{21}	—	0.143 *** (3.670)		—	0.082 * (2.078)	
门限 (u_{t-1})	γ_1 γ_2		-7.91×10^{-3} 7.91×10^{-3}			-3.78×10^{-3} 3.78×10^{-3}	

注：表中 *、** 和 *** 分别代表在显著水平 0.1、0.05、0.01 下的显著性。

在对称门限约束下，两个模型的估计结果均发生了较大变化。Model I 的门限估计值为 ±0.00791，"Inner"体制数据样本比例较无约束模型的比例更小，占比为 44.54%。标准式的估计结果显示，三个体制的自回归系数估计值分别为 0.946、1.002、0.957。"ADF"式估计结果显示 $\rho_0 = 0.001$，接受"Inner"体制为单位根过程，存在 BOI 区域。两个外体制的半衰期分别为 12.49 天和 15.77 天。结论同样是处于升值体制时，其回复时间较短；而当处于贬值体制时，持续性更强，回复时间较长。

Model II 的估计结果也支持上述 Model I 估计结果的结论。其门限估计值为 ±0.00378，对称门限约束使得"Outer 1"体制数据样本比例较无约束模型的比例由 26.18% 下降到 16.07%。标准式的估计结果显示，三个体制的自回归系数估计值分别为 0.910、0.951、0.912，"ADF"式估计结果显示 $\rho_0 = -0.044$，不能拒绝"Inner"体制为单位根过程的假设，存在 BOI 区域。外体制的半衰期分别为 7.14 天和 7.52 天。

对称体制约束（也称为 Band – TAR 模型）是指除了约束门限对称 $\gamma_1 = -\gamma_2$ 外，还约束两个外体制，即"Outer 1"体制和"Outer 2"体制的估计参数也相同，对于标准式（5.9）约束 $\phi_{11} = \phi_{21}$；对于"ADF"式（5.10）约束 $\rho_1 = \rho_2$，$\alpha_{11} = \alpha_{21}$。表 5.6 为对称体制约束的估计结果。

表 5.6 　　　　　　　　 **对称体制约束下 SETAR 模型的估计结果**

体制 （Regime）	系数	Model I			Model II		
		标准式	"ADF"式	比例	标准式	"ADF"式	比例
Outer 1	$\phi_1(\rho_1)$	0.953 *** (90.574)	− 0.039 *** (− 3.502)	28.38%	0.917 *** (63.55)	− 0.084 *** (− 6.107)	18.72%
	α_{11}	—	− 0.046 (1.898)		—	0.041 (1.482)	
Inner	$\phi_{01}(\rho_0)$	0.998 *** (67.102)	− 0.001 (− 0.108)	39.53%	0.936 *** (28.962)	− 0.061 (− 1.650)	59.66%
	α_{01}	—	− 0.154 (1.359)		—	0.091 (1.406)	
Outer 2	$\phi_{21}(\rho_2)$	0.953 *** (90.574)	− 0.039 *** (− 3.502)	32.09%	0.917 *** (63.55)	− 0.084 *** (− 6.107)	21.62%
	α_{21}	—	− 0.046 (1.898)		—	0.041 (1.482)	
门限 (u_{t-1})	γ_1 γ_2	-6.67×10^{-3} 6.67×10^{-3}			-2.17×10^{-3} 2.17×10^{-3}		

注：表中 * 、** 和 *** 分别代表在显著水平 0.1、0.05、0.01 下的显著性。

对称体制约束了两个外体制的调整速度相同，即在升值体制和贬值体制中有一致的调整机制。Model I 中 ϕ_{11} 和 ϕ_{21} 的估计系数为 0.953，由此计算得到半衰期为 14.39 天；Model II 中 ϕ_{11} 和 ϕ_{21} 的估计系数为 0.917，半衰期为 8.42 天。与对称门限约束相比，对称体制约束的估计结果显示门限值进一步收窄，两个模型的"Inner"体制数据样本占比都有所减小。对称体制约束的估计结果也支持了人民币汇率存在 BOI 区域的结论，"ADF"式的估计结果显示，Model I 和 Model II 的"Inner"体制自回归系数 ρ_0 的估计值分别是 − 0.001 和 − 0.061，t 统计量分别是 − 0.108 和 − 1.650，都是单位根过程。

5.5　本　章　小　结

本章在购买力平价理论框架下研究了人民币实际汇率均值回复过程的非线性调整问题。首先从经济理论角度，用交易成本假设下的两国贸易模型分析了实际汇率调整过程存在"BOI"区域的可能性，因此，建议使用3体制的 SETAR 模型对该过程进行描述。在实证部分，选取了 2005 年 7 月汇改后人民币对美元日度汇率进行实证分析，检验结果也显示应使用 3 体制 SETAR 模型对实际汇率的均值回复过程进行建模。

实证结果显示，Model Ⅰ 和 Model Ⅱ 两个模型的估计结果虽然有差异，但是主要结论是一致的。在模型设定部分检验结果是我国人民币对美元汇率退势序列的均值回复过程应该用 3 体制 SETAR 模型来进行描述，无约束模型和约束模型的估计结果都支持了人民币对美元汇率的退势序列存在"BOI"区域的结论，这种中间体制的非平稳性质是符合经济学理论和现实意义上 PPP 偏离调整过程的。当实际汇率的 PPP 偏离较小时由于无贸易套利空间等原因使实际汇率的调整缺乏回复力量，致使其行为类似于单位根过程，这样实际汇率就不再具有均值回复性；而当 PPP 偏离变大时，会引发贸易套利等市场活动，市场行为将使实际汇率逐步调整回到均值。现实中也经常发生政府干预外汇市场的现象，这种干预通常也遵循偏离较大时干预、偏离较小时不干预的行为模式，但是这种偏离往往基于决策机构自己的判断和认识。上述经济行为都使得实际汇率持续地在其均衡值附近呈现随机游走，而一旦这种偏离加大时市场和外部干预力量就又会使它向均衡水平调整，因此实际汇率可能在中间体制存在非平稳性，但从全局来看是均值回复的。

模型估计结果还显示人民币汇率的均值回复过程是一个强持续性过程。在以往采用线性单位根的研究中往往容易被判断为总体非平稳，许多研究者认为是由于线性单位根检验的低效造成的。本书研究结论表明，实际汇率具有 3 体制门限类型均值回复性质，进而可以认为在短期动态均衡中，人民币和美元之间存在相对购买力平价的关系。由于本书研究的是日度数据相对于短期均衡的均值回复调整，所有模型中估计得到的外体制自回归系数值都在 0.9 以上，属于较慢的均值回复调整过程，实际汇率偏离短期均衡的均值后平均需要 7 个交易日以上的时间才能回复到均值。

此外，两个无约束模型都支持了人民币汇率有更大比例处于升值体制的结论，可认为人民币有较多的升值压力；估计结果还显示，升值体制较贬值体制有着更快的均值回复速度，显示了市场对升值压力的抵抗和一定程度的外干预力量。本书认为，人民币均值回复速度在升值体制和贬值体制的不同，原因在于人民币升值的很大一部分压力来自外部，而并非完全市场意愿。我国的汇率制度改革是适应国内外经济形势做出的，但显然还没有达到西方发达国家对人民币汇率形成机制调整的期望，特别是本轮全球金融危机导致严重的贸易萎缩，以美国为首的发达国家加强了对人民币汇率升值的舆论攻势。2010 年以来，美国政府相继游说巴西和印度等新兴经济体，联合向人民币汇率升值施加舆论压力，加之 2012 年 4 月起，欧债危机再次恶化导致的经济环境整体不景气，人民币汇率面临的外部压力异常严重。这些外部压力源于国际社会认为人民币价值被低估，然而自 2005 年 7 月，我国实施有管理的浮动汇率制度至今，人民币对美元名义汇率累计升值幅度已达 25% 以上。事实说明人民币升值较大程度上是外因，在市场力量和外因的共同博弈下，人民币汇率呈现出上述均值回复的调整过程。正是基于这些原因，无约束的 SETAR 模型可以更好地描述人民币汇率的均值回复过程的模型。

上述结论表明，本书采用的 3 体制 SETAR 模型恰当地对人民币实际汇率的均值回复过程进行了描述，该过程中 BOI 区域的发现也让 3 体制 SETAR 模型比 2 体制的类似模型更贴近经济现实。模型结果显示了人民币升值压力更多来源于外部压力而非市场因素，这也提醒政策制定者需提防人民币掉入 20 世纪 80 年代的"日元式"升值的陷阱，避免出现广场协议后的"日本式经济噩梦"。最后需要指出的是，由于数据原因，本书研究中按照 PPP 理论计算实际汇率时使用了普通消费者价格指数，该指标未能区分贸易品和非贸易品的价格。在后续工作中，可参考使用外国贸易品价格和本国非贸易品价格的比率来测算两国价格水平之比，再按照 PPP 理论计算实际汇率并进行建模研究。

第6章

总结与展望

6.1 总　　结

门限自回归模型由汤家豪（1983）较完整地提出，其模型估计（陈，1993）和非线性特征检验（蔡，1989；汉森，1996，1999）等重要问题都先后得到解决。恩德斯和格兰杰（1998）在讨论门限自回归模型的单位根检验问题时，提出了冲量自回归模型（MTAR）概念，区别于汤家豪（1983）的自激励门限自回归模型（SETAR），MTAR 的门限变量是差分序列的滞后变量。然而，现有文献中，对这两类门限自回归模型进行比较研究的并不多。此外，自格兰杰和纽伯德（1974）和纳尔森和普罗瑟（1982）提出了非平稳性单位根检验，该理论在时间序列研究领域发展迅速。恩德斯和格兰杰（1998）、波本和迪基克（1999）、CH（2001）以及BBC（2004）等将单位根理论带入到了门限自回归领域中，研究门限自回归模型的单位根检验问题，该领域是目前非线性单位根检验研究中的理论前沿问题。鉴于此，本书对这两类模型进行了较为系统的对比研究，对MTAR 和 SETAR 两类门限自回归的单位根检验的理论问题进行了深入研究，最后用 3 体制 SETAR 对人民币实际汇率的动态调整过程进行了实证研究。现将全书研究的主要结论总结如下：

6.1.1　SETAR 与 MTAR 建模的比较研究

直观特征方面，本书认为，数据的体制分割不同对数据生成过程有非常大的影响，MTAR 模型以差分滞后序列作为门限变量，导致了 MTAR 过程比 SETAR 过程有更多的尖点。样本矩比较方面，两类 TAR 模型在平稳条件下样本矩函数都稳定地收敛到其总体矩中，对于相同的模型系数，由于门限变量不同，其样本矩收敛到了不同总体矩；此外，还考虑了随机误差的分布，尤其是分布函数的方差对各个样本矩的影响，发现随着方差的增大，一阶矩和二阶矩是发散的，三阶矩和四阶矩是收敛的。从模型经济含义方面比较，本书 SETAR 模型可以较好地描述经济变量的非对称"深"特征，可用以研究经济变量的均值回复性等问题；而 MTAR 模型则可刻画非对称性波动中的"尖"特征，可用以研究政策对冲的实时有效性等经济问题；最后，对两类模型的建模特征进行了分析，由于 SETAR 和 MTAR过程在非线性检验中，相互检验到另一个非线性特征的概率较大，而本书模拟结果显示用模型残差平方和的方式来进行识别的效率并不高，本书提出用 bootstrap 临界值加权的 WSSR 方法可以有效地进行模型甄别，提高建模准确率。

6.1.2 传统单位根检验方法对非线性模型的检验尺度和检验功效研究

在本书第 3 章已经指出研究得到三个结论：首先，传统单位根检验方法对多数类型的非线性平稳数据过程的检验功效有尚可的表现，可见非线性特征由于其具体形式和参数的不同，可能会对非平稳性起到"激化"作用，也可能会对非平稳性起到一定的"隐藏"作用；其次，对于门限自回归序列而言，降低其中一个体制的系数导致了非对称性增加，但是此时单位根检验功效是增大的，可见模型非对称度对检验结果的影响远没有序列中的持续性成分影响大；最后，多数线性检验统计量对非线性数据过程的单位根检验都有检验尺度失真的情况，存在要么过度拒绝单位根，要么过度接受单位根的现象。本书认为，有必要从非线性模型的理论层面发展非线性单位根检验理论。

6.1.3 MTAR 和 SETAR 的单位根检验理论研究

在 MTAR 模型的单位根检验方面，本书拓展了坎纳尔和汉森（2001）的单位根检验理论，推导得到了约束的 3 体制 EQ – MTAR 过程的渐近分布。在 Monte Carlo 模拟部分，本书研究了序列均值发生外生性结构突变时坎纳尔和汉森（2001）各个检验统计量的检验尺度和检验功效，对比了用渐近临界值和用 bootstrap 临界值两种方法的检验效果。在样本容量较小时，使用渐近临界值方法的检验尺度偏高，随样本容量增大逐渐改善，检验功效在可接受范围内；在 2 体制 MTAR 模型下，使用 bootstrap 方法的检验尺度和检验功效总体都得到了改善，尤其小样本下检验尺度改善效果较为明显；而对于 3 体制 MTAR 模型，bootstrap 方法在样本容量增大时检验尺度反而增大，建议此时使用渐近临界值进行检验。针对 MTAR 单位根检验，模拟结果显示，总体上 TS_1 和 TS_2 的检验效果要好于 $-t$ 检验统计量。

在 SETAR 单位根检验的研究方面，本书在西奥（2008）与卡普坦尼尔斯和欣恩（2006）的基础上，分别研究了估计方程含截距项的 2 体制 SETAR 模型和 3 体制 SETAR 模型的单位根检验统计量的渐近分布理论。与西奥（2008）和卡普坦尼尔斯和欣恩（2006）在假设的不同在于，扩展的 2 体制 SETAR 模型的单位根检验主要假定数据过程不存在序列相关；而 2 体制 SETAR 模型中主要采用了 BBC（2004）的门限变量区间设定。上述两种情况下都使用的是 Wald 检验统计量，推导得到的渐近不受数据过程影响，通过模拟得到了其渐近临界值。用 Monte Carlo 模拟研究了采用渐近临界值和 bootstrap 临界值两种方法的有限样本性质，结论认为，采用渐近临界值检验时，不论 2 体制还是 3 体制，都存在检验功效偏低的问题；而 bootstrap 方法的检验功效则较好，在小样本下也有较大的检验尺度优势。本书认为，样本容量较小时，bootsrtap 方法具有较大优势，但样本容量增大时，也可以考虑使用渐近临界值。在含均值突变 SETAR 单位根检验的 Monte Carlo 模拟试验中，本书模拟得到了 Wald 检验统计量的渐近临界值，并对其有限样本下的检验功效与检验尺度与 bootstrap 方法进行了对比研究。模拟结果显示，不论是 2 体制模型还是 3 体制模型，都支持 bootstrap 方法具有检验优势的结论。

模拟结果还显示均值突变下的渐近临界值比坎纳尔和汉森（CH，2001）的渐近临界值大，且随着突变点位置向中心位置移动，临界值逐渐增大，这与皮隆（1989，1990）研究线性序列结构突变的单位根检验得到的结论是一致的。此外，观察 MTAR 模型和 SETAR 模型单位根检验的渐近临界值，可以看到，本书研究的约束中间体制为单位根过程的 3 体制 MTAR 模型，其单位根检验统计量的临界值小于对应的 2 体制 MTAR 模型和 SETAR 模型的临界值。

6.1.4 人民币实际汇率均值回复过程的非线性调整问题研究

从实证结果得到的主要结论是：第一，我国人民币对美元汇率退势序列的均值回复过程应该用 3 体制 SETAR 模型来进行描述，无约束模型和约束模型的估计结果都支持了人民币对美元汇率的退势序列存在"BOI"区域的结论。解释这个结论的经济学机理是，当实际汇率的 PPP 偏离较小时，由于无贸易套利空间等原因使实际汇率的调整缺乏回复力量，致使其调整行为类似于单位根过程，这样实际汇率就不再具有均值回复性；而当 PPP 偏离变大时，会引发贸易套利等市场活动，市场行为将使实际汇率逐步调整回到均值。因此，实际汇率可能在中间体制存在非平稳性，但从全局来看是均值回复的。第二，人民币汇率的均值回复过程是一个强持续性过程，可以认为在短期动态均衡中，人民币和美元之间存在相对购买力平价的关系，但调整周期长。这种强持续性在线性模型中往往容易被判断为总体非平稳，本书认为是由于线性单位根检验的低功效造成的。第三，两个无约束模型都支持了人民币汇率有更大比例处于升值体制的结论，可认为人民币升值压力较大；估计结果还显示，升值体制较贬值体制有着更快的均值回复速度，显示了市场对升值压力的抵抗和一定程度的外干预力量。本书还认为，人民币均值回复速度在升值体制和贬值体制的不同，原因在于人民币升值的很大一部分压力来自外部，而并非完全市场意愿。

6.2 研 究 展 望

门限自回归模型在经济学的许多领域都有广泛的应用。为了使模型的理论发展能跟上实际应用的步伐，研究人员在不断丰富门限自回归模型的理论研究成果，从不同角度对 TAR 模型理论进行了深入研究。本书的研究成果虽然在一定程度上对现有理论体系形成了有益补充，但还有很多方面仍值得开展进一步的拓展性研究：

首先，在模型设定方面可以进行进一步拓展。本书对西奥（2008）和卡普坦尼尔斯和欣恩（2006）的扩展研究仅限于在估计方程增加了截距项，而参考汉密尔顿（1994）和皮隆（1989，1990）可知，还可以设定估计方程包含时间趋势项和截距项，对于原假设下的数据过程也可以有更多形式的假定，未来可以从这个角度开展进一步的拓展研究。另外，本书对模型均值突变的设定只限于水平均值突变，而皮隆（1989，1990）研究的突变包含了三种情况：分别是水平均值突变，斜率突变和水平均值与斜率突变。未来的研究还可以从这个角度进行进一步拓展。

其次，可以在研究方法方面进行进一步拓展。本书对均值突变的单位根检验只限于 Monte Carlo 模拟阶段，而没有对检验统计量的渐近分布理论进行推导分析，未来的研究可以从渐近分布的理论层面对含外生性结构突变的门限自回归单位根检验问题进行进一步研究。

再次，还可以在检验统计量的选择方面进行拓展研究。本书第三章的研究中主要围绕坎纳尔和汉森（2001）的四个检验统计量，其中除 TS_2 外，其他统计量都是常见的 $Wald$ 统计量和 t 统计量；本书第 4 章则主要研究的是 $Wald$ 检验统计量。事实上，除 $Wald$ 统计量以外，还可以参考 BBC（2004）选择的 LR、LM 统计量；综合统计量方面，安德鲁和普罗伯格（1994）针对"Davies"问题提出了三类综合统计量，包括 average（平均）、exponential average 和 supremum 三类统计量，因此，除了 sup 类，还可以选择平均和指数平均两类分别对所选取的单位根检验统计量进行理论研究分析。

此外，对于门限自回归模型的单位根检验理论研究而言，门限变量的区间选取是一项重要的工作。本书的拓展研究中分别沿用了坎纳尔和汉森（CH，2001）、西奥（2008）和 BBC（2004）的门限变量的区间选择，后续研究还可以根据模型设定和统计量的选择等因素，选择合适的门限变量区间对 TAR 模型单位根检验理论进行深入研究。

其他进一步研究的领域还可列举如下。例如，对于更一般的多体制 SETAR (p, d, k) 模型 $(p \geqslant 2)$，如何分析其平稳遍历性条件还是一个研究难点；SETAR 模型和 MTAR 模型的平稳遍历性条件之间的关系，如 SETAR 模型的平稳遍历性条件对于 MTAR 模型是否过于苛刻等，目前，在这些方面并没有文献进行研究。这些领域都可以作为后续工作进行进一步研究。

最后，如第 2 章中所指出的，本书认为，对于一个具体的 SETAR 模型和 MTAR 模型，如何分析其总体矩函数，包括一阶矩、二阶矩等，推导其一般化的计算公式也是一个值得研究和有趣的问题。

附　　录

程序 1

第 2 章　SETAR 和 MTAR 序列图

```
clear;
clc;
T = 200;
rho = [ -0.2;0.8];
r = 0;
% randn('state',1000);%
e = randn(1000 + T,1);
y = zeros(1000 + T,6);
y(2,:) = randn();
for i = 2:1000 + T
    y(i + 1,1) = rho(2) * y(i,1) + e(i);
    y(i + 1,2) = rho(1) * y(i,2) + e(i);
    if y(i,3) > r
        y(i + 1,3) = rho(2) * y(i,3) + e(i);
    else
        y(i + 1,3) = rho(1) * y(i,3) + e(i);
    end
    if y(i,4) < r
        y(i + 1,4) = rho(2) * y(i,4) + e(i);
    else
        y(i + 1,4) = rho(1) * y(i,4) + e(i);
    end
    if y(i,5) - y(i - 1,5) > r
```

```
                y(i+1,5) = rho(2) * y(i,5) + e(i);
        else
                y(i+1,5) = rho(1) * y(i,5) + e(i);
        end
        if y(i,6) - y(i-1,6) < r
                y(i+1,6) = rho(2) * y(i,6) + e(i);
        else
                y(i+1,6) = rho(1) * y(i,6) + e(i);
        end
end
y = y(1001:1000+T,:);
my = mean(y);
num = zeros(1,6);
for n = 1:6
        num(n) = sum(y(:,n) >0);
end
figure(1);
str2 = ['AR1    ';'AR2    ';'SETAR1 ';'SETAR2 ';'MTAR1 ';'MTAR2 '];
x = 1:T;
x = x';
for j = 1:6
        subplot(3,2,j),plot(x,y(:,j),'k:'),title(str2(j,:));
        axis([0,T,-6,6])
        hold on
        plot([0 T],[0,0],'k');
        hold off
end
```

程序 2

第 2 章　计算样本统计矩并画核密度函数图

```
clear;
clc;
T = [100;500;1000;5000];
```

```
rho = [ -0. 7; -0. 3];
rho2 = [ -0. 3; -0. 7];
rho3 = [0. 2; -0. 8];
r = 0;
% randn('state',1000);%
looop = 1000;

str2 = ['SETAR3';'SETAR4';'SETAR5';'MTAR3';'MTAR4';'MTAR5'];
k = 4;
my = zeros(looop,6);
for lp = 1:looop
    e = randn(2000 + T(k),1);
    y = zeros(2000 + T(k),6);
    y(2,:) = randn();
    for i = 2:2000 + T(k)
        if y(i,1) > r
            y(i + 1,1) = rho(2) * y(i,1) + e(i);
        else
            y(i + 1,1) = rho(1) * y(i,1) + e(i);
        end
        if y(i,2) > r
            y(i + 1,2) = rho2(2) * y(i,2) + e(i);
        else
            y(i + 1,2) = rho2(1) * y(i,2) + e(i);
        end
        if y(i,3) > r
            y(i + 1,3) = rho3(2) * y(i,3) + e(i);
        else
            y(i + 1,3) = rho3(1) * y(i,3) + e(i);
        end
        if y(i,4) - y(i - 1,4) > r
            y(i + 1,4) = rho(2) * y(i,4) + e(i);
        else
```

```
            y(i+1,4) = rho(1) * y(i,4) + e(i);
    end
    if y(i,5) - y(i-1,5) > r
            y(i+1,5) = rho2(2) * y(i,5) + e(i);
    else
            y(i+1,5) = rho2(1) * y(i,5) + e(i);
    end

    if y(i,6) - y(i-1,6) > r
            y(i+1,6) = rho3(2) * y(i,6) + e(i);
    else
            y(i+1,6) = rho3(1) * y(i,6) + e(i);
    end

    end
    my(lp,:) = mean(y(2001:2001 + T(k),:));
    vy(lp,:) = var(y(2001:2001 + T(k),:));
    sy(lp,:) = skewness(y(2001:2001 + T(k),:));
    ky(lp,:) = kurtosis(y(2001:2001 + T(k),:));
end
a = 0;
str2 = ['SETAR3';'SETAR4';'SETAR5';'MTAR3';'MTAR4';'MTAR5'];
for k = 1:6
    for n = 1:4
        a = a + 1;
        figure(1);
        [f,xi] = ksdensity(my(:,a));
        subplot(2,3,k)
        if n = =1
            plot(xi,f,'k:')
        elseif n = =2
            plot(xi,f,'k. ')
        elseif n = =3
            plot(xi,f,'k ')
```

147

```
else
    plot(xi,f,'k. -')
end
title(str2(k,:))
hold on
figure(2);
[f,xi] = ksdensity(vy(:,a));
subplot(2,3,k)
if n = =1
    plot(xi,f,'k +')
elseif n = =2
    plot(xi,f,'k. ','linewidth',0. 5)
elseif n = =3
    plot(xi,f,'k ')
else
    plot(xi,f,'k. -')
end
title(str2(k,:))
hold on
figure(3);
[f,xi] = ksdensity(ky(:,a));
subplot(2,3,k)
if n = =1
    plot(xi,f,'k +')
elseif n = =2
    plot(xi,f,'k. ')
elseif n = =3
    plot(xi,f,'k ')
else
    plot(xi,f,'k. -')
end
title(str2(k,:))
hold on
```

```
figure(4);
[f,xi] = ksdensity(sy(:,a));
subplot(2,3,k)
if n = =1
    plot(xi,f,'k +')
elseif n = =2
    plot(xi,f,'k. ')
elseif n = =3
    plot(xi,f,'k ')
else
    plot(xi,f,'k. -')
end
title(str2(k,:))
hold on
    end
    hold off
end
```

程序 3

第 3 章　传统单位根检验方法对各类非线性的单位检验效果

```
#R 语言程序
rm(list = ls(all = TRUE))
require(urca)
lop = 1000
Tn = c(50,100,200,500)
for(k in 1:4) {
    T = Tn[k]
    erst < - rep(0,lop)
    ersc < - matrix(0,nrow = lop,ncol = 3,byrow = FALSE)
    kpsst < - rep(0,lop)
    ppt < - rep(0,lop)
    dft < - matrix(0,nrow = lop,ncol = 2,byrow = FALSE)
    kpssc < - matrix(0,nrow = lop,ncol = 4,byrow = FALSE)
```

```
ppc < - matrix(0, nrow = lop, ncol = 3, byrow = FALSE)
dfc1 < - matrix(0, nrow = lop, ncol = 3, byrow = FALSE)
dfc2 < - matrix(0, nrow = lop, ncol = 3, byrow = FALSE)
idf = 0
iers = 0
ipp = 0
ikpss = 0
for(j in 1:lop) {

    ###Data Generate Process###
    sig = 1
    miu = 0
    r = 0
    e < - sig * rnorm(T, mean = 0, sd = 1) + miu
    y < - rep(0, T)
    for(i in 1:round(0.5 * T))
        {y[i + 1] = 0.5 + 0.9 * y[i] + e[i + 1]}
    for(i in(round(0.5 * T) + 1):(T - 1))
        {y[i + 1] = 0.6 + 0.9 * y[i] + e[i + 1]}
    ##############################


    ers. y < - ur. ers(y, type = "DF - GLS", model = "constant",
lag. max = 4) #Test type, either"DF - GLS"(default), or"P - test".    model = c
("constant", "trend")#
        erst[j] < - ers. y@ teststat
        ersc[j,] < - ers. y@ cval
        if(erst[j] < ers. y@ cval[1,2]) {iers = iers + 1}    #平稳#
        kpss. y < - ur. kpss(y, type = "mu", lags = "short")    #type = c
("mu", "tau")#
        kpsst[j] < - kpss. y@ teststat
        kpssc[j,] < - kpss. y@ cval
        if(kpsst[j] < kpss. y@ cval[1,2]) {ikpss = ikpss + 1} #平稳#
        pp. y < - ur. pp(y, type = "Z - tau", model = "constant", lags =
```

"short")#type = c("Z – alpha","Z – tau"),model = c("constant","trend")#

```
            ppt[j] < – pp. y@ teststat
            ppc[j,] < – pp. y@ cval
            if( ppt[j] < pp. y@ cval[1,2]){ipp = ipp + 1}   #平稳,#
            df. y < – ur. df( y,type = "none",lags = 1)#Test type,either
"none","drift"or"trend". #
            dft[j,1] < – df. y@ teststat[1,1]
            dfc1[j,] < – df. y@ cval[1,]
            #dfc2[j,] < – df. y@ cval[2,]#
            if( dft[j,1] < df. y@ cval[1,2]){idf = idf + 1}#平稳#
                                          ##summary( kpss. y)#
                }

        pwers = iers/lop
        pwkpss = ikpss/lop
        pwpp = ipp/lop
        pwdf = idf/lop
        cat( pwers,"    ",pwkpss,"    ",pwpp,"    ",pwdf)
        cat( "\n")}
```

   #对不同的非线性序列只需替换#Data Generate Process#部分即可
##以下为不同类型非线性时间序列的 DGP##

```
###Data Generate Process 1###
T = 200
sig = 1
miu = 0
r = 0
e < – sig * rnorm( T,mean = 0,sd = 1) + miu
y < – rep(0,T)
for( i in 1:(T –1))
    {y[i +1] = 0. 2 * y[i] + e[i +1]}


#############################
```

```
par( mfrow = c( 4 ,3 ) )
###Data Generate Process 2###
T = 200
sig = 1
miu = 0
r = 0
e < - sig * rnorm( T , mean = 0 , sd = 1 ) + miu
y < - rep( 0 , T )
for( i in 1 :( T - 1 ) )
     { y[ i + 1 ] = 0. 9 * y[ i ] + e[ i + 1 ] }


#############################
plot( y , type = " l " , main = list( " DGP1 " , cex = 1 , font = 3 ) , xlab = " " ,
ylab = " " , omi = c( 0 ,0 ,0 ,0 ) )


###Data Generate Process 3###Structural Change
T = 200
sig = 1
miu = 0
r = 0
e < - sig * rnorm( T , mean = 0 , sd = 1 ) + miu
y < - rep( 0 , T )
for( i in 1 :round( 0. 5 * T ) )
     { y[ i + 1 ] = 0. 5 + 0. 9 * y[ i ] + e[ i + 1 ] }
for( i in( round( 0. 5 * T ) + 1 ) :( T - 1 ) )
     { y[ i + 1 ] = 0. 6 + 0. 9 * y[ i ] + e[ i + 1 ]
          }
############################
plot( y , type = " l " , main = list( " DGP2 " , cex = 1 , font = 3 ) , xlab = " " ,
ylab = " " , omi = c( 0 ,0 ,0 ,0 ) )


###Data Generate Process 4###BiLinear
T = 200
```

```
sig = 1
miu = 0
r = 0
e < - sig * rnorm(T, mean = 0, sd = 1) + miu
y < - rep(0, T)
for(i in 1:(T - 1))
    {
    y[i + 1] = (0.9 - 0.1 * e[i]) * y[i] + e[i + 1]
    }
##############################
plot(y, type = "l", main = list("DGP3", cex = 1, font = 3), xlab = " ",
ylab = " ", omi = c(0,0,0,0))


###Data Generate Process 5###EXPR
T = 200
sig = 1
miu = 0
r = 0
e1 < - sig * rnorm(T, mean = 0, sd = 1) + miu
e2 < - sig * rnorm(T, mean = 0, sd = 1) + miu
y < - rep(0, T)
x < - rep(0, T)
for(i in 1:(T - 1))
    {
    x[i + 1] = 0.9 * x[i] + e1[i + 1]
    y[i + 1] = exp(x[i + 1]) + e2[i + 1]
    }
##############################
plot(y, type = "l", main = list("DGP4", cex = 1, font = 3), xlab = " ",
ylab = " ", omi = c(0,0,0,0))


###Data Generate Process 6###
T = 200
```

```
sig = 1
miu = 0
r = 0
e < - sig * rnorm( T, mean = 0, sd = 1 ) + miu
y < - rep( 0, T )
for( i in 1 : ( T - 1 ) )
    {
if( y[ i ] > r ) { y[ i + 1 ] = 0. 9 * y[ i ] + e[ i + 1 ] }
else { y[ i + 1 ] = 0. 7 * y[ i ] + e[ i + 1 ] }
    }
##############################
plot( y, type = " l", main = list( " DGP5", cex = 1, font = 3 ), xlab = " ",
ylab = " ", omi = c( 0, 0, 0, 0 ) )


###Data Generate Process 7#非对称性影响##
T = 200
sig = 1
miu = 0
r = 0
e < - sig * rnorm( T, mean = 0, sd = 1 ) + miu
y < - rep( 0, T )
for( i in 1 : ( T - 1 ) )
    {
    if( y[ i ] > r ) { y[ i + 1 ] = 0. 9 * y[ i ] + e[ i + 1 ] }
    else { y[ i + 1 ] = 0. 2 * y[ i ] + e[ i + 1 ] }
        }
##############################
plot( y, type = " l", main = list( " DGP6", cex = 1, font = 3 ), xlab = " ",
ylab = " ", omi = c( 0, 0, 0, 0 ) )


###Data Generate Process 8###MTAR
T = 200
sig = 1
```

```
miu = 0
r = 2
e < - sig * rnorm( T, mean = 0, sd = 1) + miu
y < - rep(0, T)
for( i in 2:(T - 1))
    {
    if(( (y[i] - y[i - 1]) > r){y[i + 1] = 0.9 * y[i] + e[i + 1]}
    else{y[i + 1] = 0.2 * y[i] + e[i + 1]}
        }
###############################
plot( y, type = " l", main = list( " DGP7", cex = 1, font = 3), xlab = " ",
ylab = " ", omi = c(0,0,0,0))


###Data Generate Process 9###BAND - TAR
T = 200
sig = 1
miu = 0
r = 2
e < - sig * rnorm( T, mean = 0, sd = 1) + miu
y < - rep(0, T)
for( i in 1:(T - 1))
    {
    if(y[i] > r){y[i + 1] = r * (1 - 0.9) + 0.9 * y[i] + e[i + 1]}
    else if(y[i] < ( -r)){y[i + 1] = -r * (1 - 0.9) + 0.9 * y[i] + e[i + 1]}
        else{y[i + 1] = y[i] + e[i + 1]}
            }
###############################
plot( y, type = " l", main = list( " DGP8", cex = 1, font = 3), xlab = " ",
ylab = " ", omi = c(0,0,0,0))


###Data Generate Process 10###LSTAR
T = 200
sig = 1
```

```
miu = 0
r = 0
e < - sig * rnorm(T, mean = 0, sd = 1) + miu
y < - rep(0, T)
for(i in 1:(T - 1))
    {
        y[i + 1] = 0.5 + 0.9 * y[i] + (1/(1 + exp(-10 * (y[i] - 5)))) *
(3 - 1.7 * y[i]) + e[i + 1]
    }
##############################
plot(y, type = "l", main = list("DGP9", cex = 1, font = 3), xlab = "",
ylab = "", omi = c(0,0,0,0))


###Data Generate Process 12###UR
T = 200
sig = 1
miu = 0
r = 0
e < - sig * rnorm(T, mean = 0, sd = 1) + miu
y < - rep(0, T)
for(i in 1:(T - 1))
        {y[i + 1] = y[i] + e[i + 1]}
##############################
plot(y, type = "l", main = list("DGP10", cex = 1, font = 3), xlab = "",
ylab = "", omi = c(0,0,0,0))


###Data Generate Process 13###SETAR UR
T = 200
sig = 1
miu = 0
r = 0
e < - sig * rnorm(T, mean = 0, sd = 1) + miu
y < - rep(0, T)
```

```
for( i in 1:(T - 1))
    {
            if( y[i] > r){y[i + 1] = y[i] + e[i + 1]}
                else{y[i + 1] = 0.7 * y[i] + e[i + 1]}
        }
###############################
plot( y, type = "l", main = list( "DGP11", cex = 1, font = 3), xlab = "",
ylab = "", omi = c(0,0,0,0))


sig = 1
miu = 0
r = 0
e < - sig * rnorm(T, mean = 0, sd = 1) + miu
y < - rep(0, T)
for( i in 2:(T - 1))
        {if((y[i] - y[i - 1]) > r){y[i + 1] = y[i] + e[i + 1]}
        else{y[i + 1] = 0.7 * y[i] + e[i + 1]}
            }


###Data Generate Process 9###BAND - TAR UR
T = 200
sig = 1
miu = 0
r = 2
e < - sig * rnorm(T, mean = 0, sd = 1) + miu
y < - rep(0, T)
for( i in 1:(T - 1))
    {
            if( y[i] > r){y[i + 1] = r * (1 - 0.9) + y[i] + e[i + 1]}
            else if(y[i] < ( - r)){y[i + 1] = - r * (1 - 0.9) + y[i] + e[i + 1]}
                else{y[i + 1] = y[i] + e[i + 1]}
                }
###############################
```

```
plot( y , type = " l" , main = list ( " DGP12" , cex = 1 , font = 3 ) , xlab = " " ,
ylab = " " , omi = c( 0 ,0 ,0 ,0 ) )
```

程序 4

第 2 章　SETAR 和 MTAR 建模分析

```
clear;
global thresh_;
global trim_;trim_ = 1 ;
global trend_;trend_ = 0 ;
global boot_;boot_ = 300 ;
intercept = 0 ;
T = [ 50 ;500 ;200 ;500 ] ;
rho = [ 0. 7 ;0. 3 ] ;
rho2 = [ 0. 3 ;0. 7 ] ;
rho3 = [ 0. 2 ; - 0. 8 ] ;
r = 0 ;
sig = 1. 5 ;
miu = 0 ;
lop = 1 ;
ie = zeros( lop ,12 ) ;
% randn ('state ',1000 ) ;%
for k = 2 :2 ;
    for lp = 1 :lop
        e = sig * randn( 200 + T( k ) ,1 ) + miu ;
        y = zeros( 200 + T( k ) ,3 ) ;
        y( 2 ,: ) = randn( ) ;
        for i = 2 :200 + T( k ) - 1
            if y( i ,1 ) > r
                y( i + 1 ,1 ) = rho( 2 ) * y( i ,1 ) + e( i ) ;
            else
                y( i + 1 ,1 ) = rho( 1 ) * y( i ,1 ) + e( i ) ;
            end
```

```
if y(i,2) > r
    y(i+1,2) = rho2(2) * y(i,2) + e(i);
else
    y(i+1,2) = rho2(1) * y(i,2) + e(i);
end

if y(i,3) > r
    y(i+1,3) = rho3(2) * y(i,3) + e(i);
else
    y(i+1,3) = rho3(1) * y(i,3) + e(i);
end
end
p = 1;
mmin = 1;
mmax = 1;
m = 0;
for ij = 3:3
    dat = y(201:200 + T(k),ij);
    we = zeros(2,1);
    for ith = 2:3
        thresh_ = ith;

[mhat,lam,ee,bss,bthresh,ws,w,b1,b2,t1,t2,ts,bols,eols] = tar_est
(dat,p,mmin,mmax,m,intercept);
        t = length(dat(:,1));
        if   thresh_ = = 2;
            pm1 = max(p,mmax + 1);
        elseif thresh_ = = 3
            pm1 = max(p,mmax);
        end;
        mn = mmax - mmin + 1;
        ms = mmin:1:mmax;
        n = t - pm1;
```

```
x = ones( n,1) ;
if trend_ = = 1
    x = [ x,(1 :n)'] ;
end;
ki = 1 ;
while ki < = p    %  AR( P) Process %
    x = [ x,dat( pm1 + 1 - ki:t - ki) ] ;
    ki = ki + 1 ;
end;

if intercept = = 0
    x = x( :,2 :length( x( 1,:) ) ) ;
end

kx = length( x( 1,:) ) ;

%  Bootstrap,Unconstrained Estimates %
y0 = dat;
y0 = y0( 1 :p) ;
bootw = zeros( boot_,1) ;
bootws = zeros( boot_,mn) ;
bootts = zeros( boot_,kx) ;
ib = 1 ;
while ib < = boot_
    %  Recserar %
    eols_c = eols( ceil( unifrnd( 0,1,t,1) * n) ) ;
    datb = y0 ;
    for i = (length(y0( :,1)) +1) :(length(eols_c( :,1)))
        datbb = eols_c( i,:) ;
        for j = 1 :length( y0( :,1) )
            datbb = datbb + bols( j,:). * datb( i -j,:) ;
        end;
        datb = [ datb;datbb ] ;
    end;
```

[mb,lb,eb,bb,btb,wsb,wb,b1b,b2b,t1b,t2b,tsb,bolsb,eolsb] = tar_est
(datb,p,mmin,mmax,m);

       bootw(ib) = wb;

       bootws(ib,:) = wsb';

       bootts(ib,:) = tsb';

       ib = ib + 1;

      end;

      pw = mean(bootw > w);

      pws = mean(bootws > (ws * ones(1,length(bootws(:,

1)))))')';

       bootw = sortrows(bootw,1);

       crlevel = [.9.95.99];

       crw = bootw(round(boot_ * crlevel))';

       we(ith − 1,1) = ee * (crw(1,2)/w)^2;

       kkk(lp,(ith − 1)) = ee;

       kkk(lp,ith + 1) = crw(1,2);

       kkk(lp,ith + 3) = w;

     end

     if we(1,1) > we(2,1)

      ie(lp,(ij + (3 * (k − 1)))) = 3;

     else

      ie(lp,(ij + (3 * (k − 1)))) = 2;

     end

    end

   end

  end

%%其中调用的 tar_est 如下:%%

function
[mhat,lam,ee,bss,bthresh,ws,w,b1,b2,t1,t2,ts,bols,eols] = tar_est
(dat,p,mmin,mmax,m,intercept);

```
global trend_ ;
global thresh_ ;
global trim_ ;
intercept = 0 ;
t = length( dat( : ,1 ) ) ;
if   thresh_ = = 2 ;
     pm1 = max( p ,mmax + 1 ) ;
elseif thresh_ = = 3
     pm1 = max( p ,mmax )    ;
end ;
mn = mmax − mmin + 1 ;
ms = mmin : 1 : mmax ;
n = t − pm1 ;
x = ones( n ,1 ) ;
if trend_ = = 1
     x = [ x ,( 1 : n )' ] ;
end ;
ki = 1 ;
while ki < = p   % AR( P )Process %
     x = [ x ,dat( pm1 + 1 − ki : t − ki ) ] ;
     ki = ki + 1 ;
end ;

if intercept = = 0
     x = x( : ,2 : length( x( 1 , : ) ) ) ;
end

%   Threshold value %
if   thresh_ = = 2 ;
     qs = dat( 1 + pm1 − mmin : t − mmin ) − dat( 1 + pm1 − mmin − 1 : t − 1 − mmin ) ;
     mi = mmin + 1 ;
     while mi < = mmax
          qs = [ qs ,dat( 1 + pm1 − mi : t − mi ) − dat( pm1 − mi : t − 1 − mi ) ] ;
          mi = mi + 1 ;
```

```
        end;

elseif thresh_ = =3;
    qs = dat( pm1 − mmin +1 :t − mmin) ;
    mi = mmin +1 ;
    while mi < = mmax;
        qs = [ qs , dat( pm1 − mi +1 :t − mi) ] ;
        mi = mi +1 ;
    end;
end;


y = dat( 1 + pm1 :t) ;

kx = length( x( 1 ,:) ) ;
xx = inv( x ' ∗ x) ;
bols = xx ∗ ( x ' ∗ y) ;
eols = y − x ∗ bols;
sols = eols ' ∗ eols;
smins = zeros( mn ,1) ;
lams = zeros( mn ,1) ;
ws = zeros( mn ,1) ;
r1 = zeros( mn ,1) ;
r2 = zeros( mn ,1) ;
t1 = zeros( mn ,1) ;
t2 = zeros( mn ,1) ;
xx = x ∗ xx;


pi1 = 0. 2 − 0. 05 ∗ trim_;
pi2 = 0. 8 + 0. 05 ∗ trim_;
pi_n = round( ( pi2 − pi1) ∗ 100) +1 ;
mi = 1 ;
while mi < = mn;
    q = qs( : ,mi) ;
```

```
qq = unique( q) ;
rq = length( qq( : ,1) ) ;
if rq > 100;
    qq = qq( round( ( pi1 : . 01 : pi1 + ( ( pi_n − 1) * . 01) ) * rq) ) ;
else
    qq = qq( floor( n * pi1) : ceil( n * pi2) ) ;
end;
qn = length( qq( : ,1) ) ;
s = zeros( qn ,1) ;
qi = 1 ;
while qi < = qn
    d1 = x. * ( ( q < qq( qi) ) * ones( 1 ,length( x( 1 , :) ) ) ) ;
    d1 = d1 − x * ( xx ' * d1) ;
    e = eols − d1 * ( eols '∕ d1 ') ';
    s( qi) = e ' * e ;
    qi = qi + 1 ;
end;
[ temp ,qi] = min( s) ;
lam = qq( qi) ;
smin = s( qi) ;
ws( mi) = ( n − 2 * kx) * ( sols − smin) ∕ smin ;% F statistics %
smins( mi) = smin ;
lams( mi) = lam ;
d1 = ( q < lam) ;
d2 = 1 − d1 ;
xz = [ ( x. * ( d1 * ones( 1 ,length( x( 1 , :) ) ) ) ) ,( x. * ( d2 * ones
( 1 ,length( x( 1 , :) ) ) ) ) ] ;
mmi = inv( xz ' * xz) ;
bthresh = mmi * ( xz ' * y) ;
e = y − xz * bthresh ;
v = mmi * ( e ' * e) ∕ ( n − 2 * kx) ;
vd = diag( v) ;
```

```
        mi = mi + 1 ;
    end ;
    [ temp,mi ] = min( smins ) ;
    mhat = ms( mi ) ;% m estimation %
    w = ws( mi ) ;   % F statistics %

    % fixed m value %
    if( 1 - ( m = = 0 ) )
        mi = m - mmin + 1 ;% mi is a relative position between   mmin and
mmax %
    end ;


    lam = lams( mi ) ;
    q = qs( : ,mi ) ;
    d1 = ( q < lam ) ;
    d2 = 1 - d1 ;
    xz = [ x. * ( d1 * ones( 1 ,length( x( 1 ,:)))) ,x. * ( d2 * ones( 1 ,length( x
( 1 ,:))))] ;
    mmi = inv( xz ' * xz ) ;
    bthresh = mmi * ( xz ' * y ) ;
    e = y - xz * bthresh ;
    ee = e ' * e ;
    v = mmi * ( ee )/( n - 2 * kx ) ;
    vd = diag( v ) ;% formulate a deviation matrix %
    v1 = vd( 1 :kx ) ;
    v2 = vd( kx + 1 :2 * kx ) ;
    b1 = bthresh( 1 :kx ) ;
    b2 = bthresh( kx + 1 :2 * kx ) ;
    ts = ( ( b1 - b2 ). * ( b1 - b2 )). /( v1 + v2 ) ;
    bss = [ b1 ,sqrt( v1 ) ,b2 ,sqrt( v2 )] ;
    wi = 1 ;
    b1 = bthresh( wi ) ;
    b2 = bthresh( kx + wi ) ;
```

$$v = v(wi, wi) + v(kx + wi, kx + wi);$$
$$wtest = (b1 - b2)' * (inv(v) * (b1 - b2));$$

程序 5.1

第 3 章和第 4 章　2 体制 MTAR 和 SETAR 模型的估计与单位根检验

```
% 本程序由四个子文件(calltarur2. m、TAR2_UR. m、tur_adf. m、bootstr. m)
组成%
%   1. calltarur 2. m 文件   %
clear;
global intercept; intercept = 0;
global boot_; boot_ = -1;
global trim_;% trim_ = 3;
global thresh_; thresh_ = 3;
global intercept_est; intercept_est = 1;
global break_; break_ = 0;
% ln = [0. 1;0. 2;0. 3;0. 4;0. 5;0. 6;0. 7;0. 8;0. 9];
% ln = [0. 2;0. 5];
ln = [1;2;3];
for li = 1:3
    l = ln(li)
    trim_ = l;
    [ww1,ww2,ww3,ww4,ww,Tn] = TAR2_UR(l);


    disp('-------------------------------------------------------------------------')
    disp('      r1          r2            t1        t2        Wald')
    for iw = 1:length(Tn)
        fprintf(' critical      % f\n',Tn(iw,1))
        if boot_ = = 0
fprintf('     % f  % f  % f  % f  % f\n',ww1(iw,1),ww1(iw,2),ww1
(iw,3),ww1(iw,4),ww1(iw,5))
    fprintf('     % f  % f  % f  % f  % f\n',ww2(iw,1),ww2(iw,2),ww2
(iw,3),ww2(iw,4),ww2(iw,5))
    fprintf('     % f  % f  % f  % f  % f\n',ww3(iw,1),ww3(iw,2),ww3
```

```
(iw,3),ww3(iw,4),ww3(iw,5))
    fprintf('    %f  %f   %f   %f   %f\n',ww4(iw,1),ww4(iw,2),ww4
(iw,3),ww4(iw,4),ww4(iw,5))
            else
                fprintf('\n')
                display('ww');
    fprintf('    %f  %f   %f   %f   %f\n',ww(iw,1),ww(iw,2),ww
(iw,3),ww(iw,4),ww(iw,5))
            end
        end
        disp('----------------------------------------------------------------------------------------')
end
    %   2、TAR2_UR. m 文件   %
function[ww1,ww2,ww3,ww4,ww,Tn] = TAR2_UR(1)
global thresh_;
global trend_;trend_ = 0;
global intercept;
global boot_;
global break_;
global l_;l_ = 1;
%%%%%%%%%%%%%%%%%%%%%%%%%555%%%%%%%%%%%%%%5
Tn = [100;200;350;500];
if break_ = = 1
    c0 = 1;
else
    c0 = 0;
end
lop = 1000;
r = 2;
if intercept = = 0
    a0 = 0;b0 = 0;
else
    a0 = 1;b0 = - 1;
```

167

```
end
% % % % % % % % % % % % randn ( ' state ' , 1000 ) ; % % % % %
sig = 1 ;
miu = 0 ;
bb = [ 1 ; 1 ] ;
lt = length ( Tn ) ;
ww = zeros ( lt , 5 ) ;
ww1 = zeros ( lt , 5 ) ;
ww2 = zeros ( lt , 5 ) ;
ww3 = zeros ( lt , 5 ) ;
ww4 = zeros ( lt , 5 ) ;
for ti = 1 : length ( Tn ) ;
    T = Tn ( ti ) ;
    wv = zeros ( lop , 5 ) ;
    ir1 = 0 ;
    ir2 = 0 ;
    it1 = 0 ;
    it2 = 0 ;
    iw = 0 ;
    lp = 1 ;
    while lp < = lop
        e = sig * randn ( 200 + T , 1 ) + miu ;
        y = zeros ( 200 + T , 1 ) ;
        y ( 2 , : ) = randn ( ) ;
        if thresh_ = = 3
            for i = 2 : ( 200 + T - 1 )
                if y ( i , 1 ) < = r
                    y ( i + 1 , 1 ) = a0 + bb ( 1 , 1 ) * y ( i , 1 ) + e ( i + 1 ) ;
                else
                    y ( i + 1 , 1 ) = b0 + bb ( 2 , 1 ) * y ( i , 1 ) + e ( i + 1 ) ;
                end
            end
        else
```

```
        for i = 2 : ( 200 + T - 1 )
                if y( i,1 ) - y( i - 1 ,1 ) < = r
                        y( i + 1 ,1 ) = a0 + bb( 1 ,1 ) * y( i ,1 ) + e( i + 1 ) ;
                else
                        y( i + 1 ,1 ) = b0 + bb( 2 ,1 ) * y( i ,1 ) + e( i + 1 ) ;
                end
        end
end
y( 200 + round( T * l_ ) :200 + T,1 ) = y( 200 + round( T * l_ ) :
200 + T,1 ) + c0 ;
        % plot( y( 2001 :( 200 + T ) ,1 ) )
        % dat0 = y( 201 :( 200 + T ) ,1 ) ;
        % n = length( dat0 ) ;
        % tempx = ones( n ,1 ) ;
        % dt = zeros( n ,1 ) ;
        % dt( ( round( l * T ) ) :n ) = 1 ;
        % tempx = [ tempx ,dt ] ;
        % tempxx = inv( tempx ' * tempx ) ;
        % bols = tempxx * ( tempx ' * dat0 ) ;
        % dat = dat0 - tempx * bols ;
        dat = y( 201 :( 200 + T ) ,1 ) ;
        % dat = dat - mean( dat ) ;
        m = 0 ;
        [ mhat ,lam ,bss ,Wald ,r1 ,r2 ,t1 ,t2 ] = tur_adf( dat ,m ) ;
        if r1 = = 0&&r2 = = 0
                continue ;
        end
        if l_ = = 0. 2 &&boot_ < 0
                if r1 > = 16. 02
                        ir1 = ir1 + 1 ;
                end
                if r2 > = 16. 21
                        ir2 = ir2 + 1 ;
```

```
        end
        if t1 > = 3.47
            it1 = it1 + 1;
        end
        if t2 > = 3.46
            it2 = it2 + 1;
        end
        if Wald > = 20.98
            iw = iw + 1;
        end
    elseif l_ = = 0.5 &&boot_ < 0
        if r1 > = 18.39
            ir1 = ir1 + 1;
        end
        if r2 > = 18.79
            ir2 = ir2 + 1;
        end
        if t1 > = 3.62
            it1 = it1 + 1;
        end
        if t2 > = 3.65
            it2 = it2 + 1;
        end
        if Wald > = 22.25
            iw = iw + 1;
        end
    elseif l_ = = 1 &&boot_ < 0
        if r1 > = 9.620
            ir1 = ir1 + 1;
        end
        if r2 > = 9.711
            ir2 = ir2 + 1;
        end
```

```
    if t1 > = 2. 567
        it1 = it1 + 1 ;
    end
    if t2 > = 2. 571
        it2 = it2 + 1 ;
    end
    if Wald > = 13. 7
        iw = iw + 1 ;
    end

elseif l_ = = 2 &&boot_ < 0
    if r1 > = 9. 495
        ir1 = ir1 + 1 ;
    end
    if r2 > = 9. 508
        ir2 = ir2 + 1 ;
    end
    if t1 > = 2. 509
        it1 = it1 + 1 ;
    end
    if t2 > = 2. 507
        it2 = it2 + 1 ;
    end
    if Wald > = 13. 7
        iw = iw + 1 ;
    end
elseif l_ = = 3 &&boot_ < 0
    if r1 > = 9. 612
        ir1 = ir1 + 1 ;
    end
    if r2 > = 9. 660
        ir2 = ir2 + 1 ;
    end
```

```
            if t1 > = 2. 560
                it1 = it1 + 1 ;
            end
            if t2 > = 2. 565
                it2 = it2 + 1 ;
            end
            if Wald > = 13. 7
                iw = iw + 1 ;
            end
        end
        if boot_ = = 0
            wv( lp,1 ) = r1 ;
            wv( lp,2 ) = r2 ;
            wv( lp,3 ) = t1 ;
            wv( lp,4 ) = t2 ;
            wv( lp,5 ) = Wald ;
            %%%%%%%%%%%%%%%%%%%%%%%%%%%%%%%%%%%bootstrap
        elseif boot_ > 0
            [ pw,pr1 ,pr2 ,pt1 ,pt2 ] = bootstr( dat ,m ,Wald ,r1 ,r2 ,t1 ,t2 ) ;
            if pr1 = = - 1&&pr2 = = - 1
                continue ;
            end
            if pr1 < = 0. 05
                ir1 = ir1 + 1 ;
            end
            if pr2 < = 0. 05
                ir2 = ir2 + 1 ;
            end
            if pt1 < = 0. 05
                it1 = it1 + 1 ;
            end
            if pt2 < = 0. 05
                it2 = it2 + 1 ;
```

```
                    end
                    if pw < = 0. 05
                            iw = iw + 1 ;
                    end
            end
            %%%%%%%%%%%%%%%%%%%%%%%%%%%5
            lp = lp + 1 ;
        end
        if boot_ > 0 | | boot_ < 0
            ww( ti ,: ) = [ ir1/lop ir2/lop it1/lop it2/lop iw/lop] ;
        else
            ww1( ti ,: ) = prctile( wv,80) ;
            ww2( ti ,: ) = prctile( wv,90) ;
            ww3( ti ,: ) = prctile( wv,95) ;
            ww4( ti ,: ) = prctile( wv,99) ;
        end
end
```

%　3、tur_adf. m 文件　%

```
%%%%%%%%%%%%%%%%%%%%%%%%%%
%       计算程序                              %
%%%%%%%%%%%%%%%%%%%%%%%%%%

function[ mhat ,lam ,bss ,Wald ,r1 ,r2 ,t1 ,t2 ] = tur_adf( dat ,m)
global p;p = 1 ;                    % order of autoregression %
global mmin;mmin = 1 ;      % minimal delay order %
global mmax;mmax = p ;
global thresh_ ;
global intercept_est ;
global trend_ ;
global trim_ ;
global break_ ;
```

```
global l_;
t = length( dat( : ,1 ) ) ;
if thresh_ = = 3
    y = dat( p + 1 :t ) ;
    n = t - p;
    x = [ ones( n ,1 ) ,dat( p :t - 1 ) ] ;
    j = 2 ;
    while j < = p
        x = [ x ,dat( p + 1 - j :t - j ) ] ;
        j = j + 1 ;
    end;
    qs = dat( p - mmin + 1 :t - mmin ) ;
    mi = mmin + 1 ;
    while mi < = mmax;
        qs = [ qs ,dat( p - mi + 1 :t - mi ) ] ;
        mi = mi + 1 ;
    end;
elseif thresh_ = = 2
    y = dat( p + 2 :t ) ;
    n = t - p - 1 ;
    x = [ ones( n ,1 ) ,dat( p + 1 :t - 1 ) ] ;
    j = 2 ;
    while j < = p
        x = [ x ,dat( p + 2 - j :t - j ) ] ;
        j = j + 1 ;
    end;
    qs = dat( 1 + p - mmin + 1 :t - 1 - mmin + 1 ) - dat( 1 + p - mmin :t -
1 - mmin ) ;
    mi = mmin + 1 ;
    while mi < = mmax
        qs = [ qs ,dat( 1 + p - mi + 1 :t - 1 - mi + 1 ) - dat( 1 + p - mi :t -
1 - mi ) ] ;
        mi = mi + 1 ;
```

```
        end;
end
mn = mmax − mmin + 1;
ms = mmin:1:mmax;
if trend_ = = 1
    x = [ x, ( 1:n)' ];
end;
if intercept_est = = 0
    a = 1;
    x = x( :,2:length( x( 1,:) ) );
else
    a = 2;
end

kx = length( x( 1,:) );
%%% dt   %%%
if break_ = = 1
    dt = zeros( t,1);
    dt( ( round( l_ * t) ) :t) = 1;
    if thresh_ = = 2
        dt = dt( p + 2:t,1);
    else
        dt = dt( p + 1:t,1);
    end
    x = [ dt,x,x];
    ib = 1;
else
    x = [ x,x];
    ib = 0;
end
%%%%%%%%%%
% xx = inv( x' * x);
% bols = xx * ( x' * y);
```

```
% eols = y − x ∗ bols;
% sols = eols ' ∗ eols;
smins = zeros( mn,1) ;
lams = zeros( mn,1) ;
r1 = zeros( mn,1) ;
r2 = zeros( mn,1) ;
t1 = zeros( mn,1) ;
t2 = zeros( mn,1) ;
rur = [ a + ib;( kx + a + ib) ] ;
pi1 = . 2 − . 05 ∗ trim_;
pi2 = . 8 + . 05 ∗ trim_;
pi_n = round( ( pi2 − pi1) ∗ 200) + 1;
mi = 1;
while mi < = mn;
    q = qs( :,mi) ;
    qq = sort( q) ;
    rq = length( qq( :,1) ) ;
    if rq > 200;
        qq = unique( qq( round( ( pi1:.005:pi1 + ( ( pi_n − 1) ∗.005) ) ∗ rq) ) ) ;
    else
        qq = unique( qq( floor( n ∗ pi1) :ceil( n ∗ pi2) ) ) ;
    end;
    qn = length( qq( :,1) ) ;
    s = zeros( qn,1) ;
    qi = 1;
    while qi < = qn
        ix = ( q < = qq( qi) ) ∗ ones( 1,kx) ;
        if break_ = = 1
            ix = [ ones( ( length( q) ) ,1) ,ix,1 − ix] ;
        else
            ix = [ ix,1 − ix] ;
        end
        nx = x. ∗ ( ix) ;
```

```
            nxx = ginv( nx ' * nx) ;
            bthresh = nxx * ( nx ' * y) ;
            e = y - nx * bthresh;
            s( qi) = e ' * e;
            qi = qi + 1;
        end;
        [ temp, qi] = min( s) ;
        lam = qq( qi) ;
        smin = s( qi) ;
        smins( mi) = smin;
        lams( mi) = lam;
        mi = mi + 1;
    end;
    [ temp, mi] = min( smins) ;
    mhat = ms( mi) ;
    if( 1 - ( m = = 0) )
        mi = m - mmin + 1;
    end;
    lam = lams( mi) ;
    q = qs( : , mi) ;
    d1 = ( q < lam) ;
    d2 = 1 - d1;
    ix = d1 * ones( 1 , kx) ;
    if break_ = = 1
        ix = [ ones( ( length( q) ) , 1) , ix, 1 - ix] ;
    else
        ix = [ ix, 1 - ix] ;
    end
    nx = x. * ( ix) ;
    nxx = ginv( nx ' * nx) ;
    bthresh = nxx * ( nx ' * y) ;
    e = y - nx * bthresh;
    ee = e ' * e;
```

```
ve1 = (ee)/(n - 2 * kx - ib);
v = nxx * ve1;
vd = diag(v);
ts = (bthresh(rur) - 1)./sqrt(vd(rur));
r1 = (ts. * ts)' * (ts < 0);
r2 = ts' * ts;
t1 = -ts(1);
t2 = -ts(2);
v1 = vd(1 + ib:kx + ib);
v2 = vd(kx + ib + 1:2 * kx + ib);
b1 = bthresh(1 + ib:kx + ib);
b2 = bthresh(kx + 1 + ib:2 * kx + ib);
bss = [b1,sqrt(v1),b2,sqrt(v2)];
if intercept_est = = 0
    e = dat(p + 1:t) - dat(p:t - 1);
    te = n;
else
    ex = [d1 d2];
    dy = dat(p + 1:t) - dat(p:t - 1);
    be = (inv(ex' * ex)) * (ex' * dy);
    e = dy - ex * be;
    te = n - 2;
end
ve2 = (e' * e)/te;
Wald = t * ((ve2/ve1) - 1);

function mi = ginv(m)
warning off;
lastwarn("");
mi = inv(m);
mw = ";
[mw,idw] = lastwarn;
lastwarn("");
```

```
warning on;
if mw(1) = ='M'
    mi = pinv(m);
end;
    %   4、bootstr.m 文件   %
function[pw,pr1,pr2,pt1,pt2] = bootstr(dat,m,Wald,r1,r2,t1,t2)
global intercept;
global trend_;
global boot_;
global p;                %  order of autoregression %
global mmin;mmin = 1;        %  minimal delay order %
global mmax;mmax = 1;
t = length(dat(:,1));
n = t - p;
mn = mmax - mmin + 1;
ms = (mmin:1:mmax);
y = dat(p + 1:t);% - dat(1:t - 1);
%y = dy(1 + p:t - 1);
x = ones(n,1);
if trend_ = = 1
    x = [x,(1:n)'];
end;
x = [x,dat(p:t - 1)];
k = 2;
while k < = p
    x = [x,y(p - k:t - 1 - k)];
    k = k + 1;
end;
kx = length(x(1,:));
if intercept = = 0
    x = x(:,2:kx);
end
xx = inv(x' * x);
```

```
bols = xx * ( x ' * y ) ;
eols = y − x * bols ;
% sols = eols ' * eols ;
% sigols = sols/( n − kx ) ;
% seols = sqrt( diag( xx ) * sigols ) ;
rho = bols( 1 + intercept + trend_ ) ;
% tadf = rho/seols( 1 + intercept + trend_ ) ;
% ar0 = bols( 2 + intercept + trend_ :1 + intercept + trend_ + p ) ;
% Bootstrap,Unconstrained Estimates %
y0 = dat ;
y0 = y0( 1 :p ) ;
% aa = zeros( p ,1 ) ;
% aa( 1 ) = 1 ;
% aa( 1 :p ) = aa( 1 :p ) + ar0 ;
% aa( 2 :1 + p ) = aa( 2 :1 + p ) − ar0 ;
bootr1 = zeros( boot_ ,mn ) ;
bootr2 = zeros( boot_ ,mn ) ;
boott1 = zeros( boot_ ,mn ) ;
boott2 = zeros( boot_ ,mn ) ;
bootw = zeros( boot_ ,mn ) ;
ib = 1 ;
while ib < = boot_
    % Recserar %
    eols_c = eols( ceil( unifrnd( 0 ,1 ,t ,1 ) * n ) ) ;
    datb = y0 ;
    for i = p + 1 :( length( eols_c( : ,1 ) ) )
        datbb = eols_c( i ,: ) ;
        if intercept = = 1
            datbb = datbb + bols( 1 ) + datb( i − 1 ,: ) ;
        else
            datbb = datbb + datb( i − 1 ,: ) ;
        end
        datb = [ datb ; datbb ] ;
```

```
        end
    [mb,lb,bb,Waldb,r1b,r2b,t1b,t2b] = tur_adf(datb,m);
    if r1b = =0&&r2b = =0
        pr1 = -1;pr2 = -1;pt1 = -1;pt2 = -1;
        return;
    else
        bootr1(ib,:) = r1b';
        bootr2(ib,:) = r2b';
        boott1(ib,:) = t1b';
        boott2(ib,:) = t2b';
        bootw(ib,:) = Waldb';
        ib = ib +1;
    end
end;
% Compare vectors %
pr1 = mean(bootr1 > (r1 * ones(1,length(bootr1(:,1)))))')';
pr2 = mean(bootr2 > (r2 * ones(1,length(bootr2(:,1)))))')';
pt1 = mean(boott1 > (t1 * ones(1,length(boott1(:,1)))))')';
pt2 = mean(boott2 > (t2 * ones(1,length(boott2(:,1)))))')';
pw = mean(bootw > (Wald * ones(1,length(bootw(:,1)))))')';
```

程序 5.2

第 3 章和第 4 章　3 体制 MTAR 和 SETAR 模型估计及单位根检验

% 本程序由四个子程序文件组成,与 2 体制 TAR 模型的程序主要区别在于模型估%

% 计程序和参数设定上不一样,因而只将 3 体制模型的估计程序附上。%

```
% constrained model tar(3) model%

function[Wald,r1,r2,t1,t2] = Tar3_c(dat)
global p;p =1;                    % order of autoregression %
```

```
global n;
global mmin;mmin = 1;        % minimal delay order %
global mmax;mmax = p;        % maximal delay order %
global trim_;   % minimal percentage of data per regime %
global k;
global break_;
global intercept_est;
global l_;
global t;
global sem;
%%%%%%%%%%%%%%%%%%%%%%%%%%%%%%%%%%%%%%%%%%%%%%%%%% 55
% Define data %
n = length( dat( :,1) );
dx = [ dat( p + 1:n − 1) − dat( p:n − 2) ];
if sem = = 1
    y = dat( p + 1:n) ;
    t = n − p;
    x = [ ones( t,1) ,dat( p:n − 1) ] ;
    j = 2;
    while j < = p
        x = [ x,dat( p + 1 − j:n − j) ] ;
        j = j + 1;
    end;
else
    y = dat( p + 2:n) ;
    t = n − p − 1;
    x = [ ones( t,1) ,dat( p + 1:n − 1) ] ;
    j = 2;
    while j < = p
        x = [ x,dat( p + 2 − j:n − j) ] ;
        j = j + 1;
    end;
end
```

```
if intercept_est = =0
    x = x( :,2:length( x( 1,:) ) );
end
k = length( x( 1,:) );
if break_ = =1
    ib = 1;
else
    ib = 0;
end
if sem = =1
    q = dat( p:n −1 );
else
    q = dx;
end
if sem = =1&&break_ = =1
    dt = zeros( n,1 );
    dt( ( round( l_ * n ) ):n) = 1;
    tempx = dt;
    tempxx = inv( tempx ' * tempx );
    bls = tempxx * ( tempx ' * dat );
    dt = dt( n − t +1:n,1 );
    brm = dt * bls;
    q = q − brm( p:n −1 );
end
lq = length( q( :,1) );
iq = round( trim_ * lq );
qn = lq − 2 * iq;
qq = sort( q( :,1) );
qq = unique( abs( qq( iq +1:iq + qn) ) );
iq = 1;lqq = length( qq );
if lqq > 200
    lqqq = 200;
else
```

```
        lqqq = lqq;
end
s = zeros( lqqq,1 );
if lqqq = = 200
        a = lqq/200;
else
        a = 1;
end
while iq < = lqqq


        ghat2 = abs( qq( floor( iq * a ) ) );
        % ghat1 = − ghat2;
        d1 = ( q < = − ghat2 );
        % d2 = ( q < = ghat2 ). * ( 1 − d1 );
        d3 = ( q > = ghat2 );
        n1 = sum( d1 );
        % n2 = sum( d2 );
        n3 = sum( d3 );
        if n1 < 2 * k + ib + 1 | | n3 < 2 * k + ib + 1
            iq = iq + 1;
            % s( iq ) = 0;
        else
            [ eetar, ~ , ~ , ~ , ~ , ~ , ~ ] = tar3( d1,d3,x,y );
            s( iq ) = eetar;
            iq = iq + 1;
        end
end
if s = = 0
    r1 = 0;r2 = 0;t1 = 0;t2 = 0;Wald = 0;
    return;
end
is = find( s = = min( s( s > 0 ) ) );
is = is( 1 );
```

```
ghat2 = abs( qq( is,1) ) ;
% ghat1 = - ghat2 ;
d1 = ( q < = - ghat2) ;
% d2 = ( q < = ghat2). * ( 1 - d1 ) ;
d3 = ( q > = ghat2) ;
[ ~ ,bbb,Wald,r1 ,r2 ,t1 ,t2 ] = tar3( d1 ,d3 ,x ,y) ;


function mi = ginv( m)
warning off;
lastwarn( " ) ;
mi = inv( m) ;
mw = " ;
[ mw ,idw ] = lastwarn;
lastwarn( " ) ;
warning on;
if mw( 1) = =' M '
    mi = pinv( m) ;
end;


function[ eetar,betatar,Wald ,r1 ,r2 ,t1 ,t2 ] = tar3( d1 ,d3 ,x ,y)
global t;
global break_;
global k;
global l_;
global n;
x1 = x. * ( d1 * ones( 1 ,length( x( 1 ,:) ) ) ) ;
% x2 = x. * ( d2 * ones( 1 ,length( x( 1 ,:) ) ) ) ;
x3 = x. * ( d3 * ones( 1 ,length( x( 1 ,:) ) ) ) ;
xx = [ x1 ,x3 ] ;
% % % dt   % % %
if break_ = =1
    dt = zeros( n ,1) ;
    dt( ( round( l_ * n) ) :n) = 1 ;
```

185

```
dt = dt( n − t + 1 : n,1 ) ;
xx = [ dt,xx ] ;
ib = 1 ;
if k = = 2
    a = [ 0 0 1 0 0;0 0 0 0 1 ] ;
else
    a = [ 0 1 0;0 0 1 ] ;
end
else
    ib = 0 ;
    if k = = 2
        a = [ 0 1 0 0;0 0 0 1 ] ;
    else
        a = [ 1 0;  0 1 ] ;
    end
end
% % % % % % % % % %
mxx = ginv( xx ' * xx ) ;
betatar = mxx * ( xx ' * y ) ;
etar = y − xx * betatar ;
eetar = etar ' * etar ;
rur = [ k + ib;2 * k + ib ] ;
v = mxx * ( etar ' * etar )/( t − 2 * k − ib ) ;
vd = diag( v ) ;
ts = ( betatar( rur ) − 1 ). / sqrt( vd( rur ) ) ;
r1 = ( ts. * ts )' * ( ts < 0 ) ;
r2 = ts ' * ts ;
t1 = − ts( 1 ) ;
t2 = − ts( 2 ) ;
Wald = ( betatar( rur ) − 1 )' * ( inv( a * v * a' ) ) * ( betatar( rur ) − 1 ) ;
```

参 考 文 献

[1] 范剑青，姚琦伟. 非线性时间序列——建模、预报及应用 [M].
北京：高等教育出版社，2005.

[2] 胡进. SETAR 模型与冲击效应的理论与应用研究 [D]. 武汉：华
中科技大学，2010.

[3] 金雪军，王义中. 理解人民币汇率的均衡，失调，波动与调整
[J]. 经济研究，2008 (1)：46 - 59.

[4] 靳晓婷，张晓峒，栾惠德. 汇改后人民币汇率波动的非线性特征
研究 - 基于门限自回归 TAR 模型 [J]. 财经研究，2008，34 (9)：48 -
57.

[5] 刘汉中. 阈值自回归，非对称单位根和阈值协整：估计与检验
[D]. 华中科技大学，2008.

[6] 刘金全，郑挺国，隋建利. 人民币汇率与均衡水平偏离的动态非
对称调整研究 [J]. 南方经济，2007 (11)：16 - 25.

[7] 王璐. 汇率均值回复的非线性 STAR 模型 [J]. 统计与信息论
坛，2007 (4)：50 - 53.

[8] 项后军，潘锡泉. 人民币汇率真的被低估了吗？[J]. 统计研究，
2010，27 (8)：21 - 32.

[9] 易纲，范敏. 人民币汇率的决定因素及走势分析 [J]. 经济研
究，1997 (10)：26 - 35.

[10] 张斌. 人民币均衡汇率：简约一般均衡下的单方程实证模型研
究 [J]. 世界经济，2003 (1)：21 - 23.

[11] 张凌翔，张晓峒. 单位根检验中的 *Wald* 统计量研究 [J]. 数量
经济技术经济研究，2009 (7)：146 - 158.

[12] 张凌翔，张晓峒. ADF 单位根检验中联合检验 LM 统计量研究
[J]. 统计研究，2010，27 (9)：84 - 90.

[13] 张卫平. 购买力平价非线性检验方法的进展回顾及其对人民币

实际汇率的应用 ［J］. 经济学，2007，6（4）：1277－1296.

［14］张晓峒，攸频. *DF* 检验式中漂移项和趋势项的 t 统计量研究 ［J］. 数量经济技术经济研究，2006（2）：126－137.

［15］张晓朴. 人民币均衡汇率的理论与模型 ［J］. 经济研究，1999（12）：70－77.

［16］朱孟楠，尤海波. 人民币汇率长期购买力平价理论研究——基于门限自回归模型的实证分析 ［J］. 生产力研究，2013（5）：32－34.

［17］Anderson H M. Transaction costs and nonlinear adjustment towards equilibrium in the US Treasury Bill market ［J］. *Oxford Bulletin of Economics and Statistics*，1997，59（4）：465－484.

［18］Andrews D W. An introduction to econometric applications of empirical process theory for dependent random variables ［J］. *Econometric Reviews*，1993，12（2）：183－216.

［19］Andrews D W. Tests for parameter instability and structural change with unknown change point ［J］. *Econometrica：Journal of the Econometric Society*，1993：821－856.

［20］Andrews D W，Ploberger W. Optimal tests when a nuisance parameter is present only under the alternative ［J］. *Econometrica：Journal of the Econometric Society*，1994：1383－1414.

［21］Bai J. Estimation of a change point in multiple regression models ［J］. *Review of Economics and Statistics*，1997，79（4）：551－563.

［22］Bai J，Perron P. Estimating and testing linear models with multiple structural changes ［J］. *Econometrica*，1998：47－78.

［23］Balke N S，Fomby T B. Threshold cointegration ［J］. *International economic review*，1997：627－645.

［24］Bec F，Ben Salem M，Carrasco M. Tests for unit-root versus threshold specification with an application to the purchasing power parity relationship ［J］. *Journal of Business & Economic Statistics*，2004，22（4）：382－395.

［25］Bec F，Guay A，Guerre E. Adaptive consistent unit-root tests based on autoregressive threshold model ［J］. *Journal of Econometrics*，2008，142（1）：94－133.

［26］Berben R，Dijk D J C. *Unit root tests and asymmetric adjustment：A reassessment* ［M］. Citeseer，1999.

[27] Bergman U M, Hansson J. Real exchange rates and switching regimes [J]. *Journal of International Money and Finance*, 2005, 24 (1): 121 –138.

[28] Bratcikoviene N. Adapted SETAR model for Lithuanian HCPI time series [J]. *Nonlinear Analysis*, 2012, 17 (1): 27 –46.

[29] Broock W A, Scheinkman J A, Dechert W D, et al. A test for independence based on the correlation dimension [J]. *Econometric Reviews*, 1996, 15 (3): 197 –235.

[30] Busetti F, Taylor A M. Tests of stationarity against a change in persistence [J]. *Journal of Econometrics*, 2004, 123 (1): 33 –66.

[31] Caner M, Hansen B E. Threshold autoregression with a unit root [J]. *Econometrica*, 2001, 69 (6): 1555 –1596.

[32] Chan K S, Tong H. On likelihood ratio tests for threshold autoregression [J]. *Journal of the Royal Statistical Society. Series B (Methodological)*, 1990: 469 –476.

[33] Chan K S, Petruccelli J D, Tong H, et al. A multiple-threshold AR (1) model [J]. *Journal of Applied Probability*, 1985: 267 –279.

[34] Chan K S. Percentage points of likelihood ratio tests for threshold autoregression [J]. *Journal of the Royal Statistical Society. Series B (Methodological)*, 1991: 691 –696.

[35] Chan K, Tsay R S. Limiting properties of the least squares estimator of a continuous threshold autoregressive model [J]. *Biometrika*, 1998, 85 (2): 413 –426.

[36] Chan K. Consistency and limiting distribution of the least squares estimator of a threshold autoregressive model [J]. *The annals of statistics*, 1993, 21 (1): 520 –533.

[37] Chan N H, Wei C Z. Limiting distributions of least squares estimates of unstable autoregressive processes [J]. *The Annals of Statistics*, 1988: 367 –401.

[38] Chang T, Su C, Liu Y. Purchasing power parity with nonlinear threshold unit root test [J]. *Applied Economics Letters*, 2012, 19 (9): 839 –842.

[39] Chen R, Tsay R S. On the ergodicity of TAR (1) processes [J]. *The Annals of Applied Probability*, 1991: 613 –634.

[40] Cheung Y, Lai K S. Long-run purchasing power parity during the recent float [J]. *Journal of International Economics*, 1993, 34 (1): 181 – 192.

[41] Choi C, Moh Y. On the performance of popular unit-root tests against various nonlinear dynamic models: a simulation study [J]. *Communications in Statistics—Simulation and Computation?*, 2006, 35 (1): 105 – 116.

[42] Choi I. Testing the random walk hypothesis for real exchange rates [J]. *Journal of Applied Econometrics*, 1999, 14 (3): 293 – 308.

[43] Clark P B, Macdonald R. *Exchange rates and economic fundamentals: a methodological comparison of BEERs and FEERs* [M]. Springer, 1999.

[44] Davies R B. Hypothesis testing when a nuisance parameter is present only under the alternative [J]. *Biometrika*, 1987, 74 (1): 33 – 43.

[45] Dickey D A, Fuller W A. Distribution of the estimators for autoregressive time series with a unit root [J]. *Journal of the American statistical association*, 1979, 74 (366a): 427 – 431.

[46] Dickey D A, Fuller W A. Likelihood ratio statistics for autoregressive time series with a unit root [J]. *Econometrica: Journal of the Econometric Society*, 1981: 1057 – 1072.

[47] Dickey D A. Estimation and hypothesis testing in nonstationary time series [D]. Iowa State University, 1976.

[48] Dunaway S V, Leigh L, Li X. *How Robust are Estimates of Equilibrium Real Exchange Rates: The Case of China (EPub)* [M]. International Monetary Fund, 2006.

[49] Elliot B E, Rothenberg T J, Stock J H. Efficient tests of the unit root hypothesis [J]. *Econometrica*, 1996, 64 (8): 13 – 36.

[50] Enders W. Improved critical values for the Enders – Granger unit-root test [J]. *Applied Economics Letters*, 2001, 8 (4): 257 – 261.

[51] Enders W. *Applied econometric time series* [M]. John Wiley & Sons, 2008.

[52] Enders W, Falk B L, Siklos P. A threshold model of real US GDP and the problem of constructing confidence intervals in TAR models [J]. *Studies in Nonlinear Dynamics & Econometrics*, 2007, 11 (3).

[53] Enders W, Granger C W J. Unit-root tests and asymmetric adjust-

ment with an example using the term structure of interest rates [J]. *Journal of Business & Economic Statistics*, 1998, 16 (3): 304 – 311.

[54] Enders W, Siklos P L. Cointegration and threshold adjustment [J]. *Journal of Business & Economic Statistics*, 2001, 19 (2): 166 – 176.

[55] Frankel J A, Rose A K. A panel project on purchasing power parity: mean reversion within and between countries [J]. *Journal of International Economics*, 1996, 40 (1): 209 – 224.

[56] Gao J, Tj? stheim D, Yin J. Estimation in threshold autoregressive models with a stationary and a unit root regime [J]. *Journal of Econometrics*, 2013, 172 (1): 1 – 13.

[57] Gonzalo J, Pitarakis J. Estimation and model selection based inference in single and multiple threshold models [J]. *Journal of Econometrics*, 2002, 110 (2): 319 – 352.

[58] Granger C, Newbold P. Spurious regressions in econometrics [J]. *Journal of Econometrics*, 1974, 2 (2): 111 – 120.

[59] Hamilton J D. *Time series analysis* [M]. Cambridge Univ Press, 1994.

[60] Hansen B. Testing for linearity [J]. *Journal of Economic Surveys*, 1999, 13 (5): 551 – 576.

[61] Hansen B E. Inference when a nuisance parameter is not identified under the null hypothesis [J]. *Econometrica: Journal of the Econometric Society*, 1996: 413 – 430.

[62] Hansen B E. Sample splitting and threshold estimation [J]. *Econometrica*, 2000, 68 (3): 575 – 603.

[63] Horn R A, Johnson C R. *Matrix Analysis* [M]. London: Cambridge University Press, 1985.

[64] Isard P. *Methodology for current account and exchange rate assessments* [M]. International Monetary Fund, 2001.

[65] Isard P, Faruqee H. *Exchange rate assessment: Extension of the macroeconomic balance approach* [M]. International Monetary Fund, 1998.

[66] Juvenal L, Taylor M P. Threshold adjustment of deviations from the law of one price [J]. *Studies in Nonlinear Dynamics & Econometrics*, 2008, 12 (3).

［67］ Kapetanios G, Shin Y. Unit root tests in three-regime SETAR models ［J］. *The Econometrics Journal*, 2006, 9 (2): 252 –278.

［68］ Krugman P R. Pricing to market when the exchange rate changes ［Z］. National Bureau of Economic Research Cambridge, Mass. , USA, 1986.

［69］ Kurtz T G, Protter P. Weak limit theorems for stochastic integrals and stochastic differential equations ［J］. *The Annals of Probability*, 1991: 1035 –1070.

［70］ Kwiatkowski D, Phillips P C, Schmidt P, et al. Testing the null hypothesis of stationarity against the alternative of a unit root: How sure are we that economic time series have a unit root? ［J］. *Journal of econometrics*, 1992, 54 (1): 159 –178.

［71］ Lee J, Strazicich M C. Minimum Lagrange multiplier unit root test with two structural breaks ［J］. *Review of Economics and Statistics*, 2003, 85 (4): 1082 –1089.

［72］ Liu W, Ling S, Shao Q. On non-stationary threshold autoregressive models ［J］. *Bernoulli*, 2011, 17 (3): 969 –986.

［73］ Lothian J R, Taylor M P. Real exchange rate behavior: the recent float from the perspective of the past two centuries ［J］. *Journal of Political Economy*, 1996, 104 (3): 488.

［74］ Lumsdaine R L, Papell D H. Multiple trend breaks and the unit-root hypothesis ［J］. *Review of Economics and Statistics*, 1997, 79 (2): 212 – 218.

［75］ Mcleod A I, Li W K. Diagnostic checking ARMA time series models using squared-residual autocorrelations ［J］. *Journal of Time Series Analysis*, 1983, 4 (4): 269 –273.

［76］ Meese R A, Rogoff K. Empirical exchange rate models of the seventies: do they fit out of sample? ［J］. *Journal of international economics*, 1983, 14 (1): 3 –24.

［77］ Meyer J, Cramon Taubadel S. Asymmetric price transmission: a survey ［J］. *Journal of Agricultural Economics*, 2004, 55 (3): 581 –611.

［78］ Montiel P J. Determinants of the long-run equilibrium real exchange rate: an analytical model ［J］. *Exchange rate misalignment: concepts and measurement for developing countries*, 1999: 264 –290.

[79] Narayan P K. The behaviour of US stock prices: evidence from a threshold autoregressive model [J]. *Mathematics and computers in simulation*, 2006, 71 (2): 103-108.

[80] Nelson C R, Plosser C R. Trends and random walks in macroeconmic time series: some evidence and implications [J]. *Journal of monetary economics*, 1982, 10 (2): 139-162.

[81] Obstfeld M, Rogoff K. *The six major puzzles in international macroeconomics: is there a common cause?* [M]. NBER Macroeconomics Annual 2000, Volume 15, MIT press, 2001, 339-412.

[82] Obstfeld M, Taylor A M. Nonlinear aspects of goods-market arbitrage and adjustment: Heckscher's commodity points revisited [J]. *Journal of the Japanese and international economies*, 1997, 11 (4): 441-479.

[83] Paparoditis E, Politis D N. Residual - Based Block Bootstrap for Unit Root Testing [J]. *Econometrica*, 2003, 71 (3): 813-855.

[84] Park J Y, Phillips P C. Nonlinear regressions with integrated time series [J]. *Econometrica*, 2001, 69 (1): 117-161.

[85] Park J Y, Phillips P C. Asymptotics for nonlinear transformations of integrated time series [J]. *Econometric Theory*, 1999, 15 (3): 269-298.

[86] Park J Y, Shintani M. Testing for a unit root against transitional autoregressive models [J]. *Vanderbilt University Department of Economics Working Papers*, 2005, 5010.

[87] Perron P. The great crash, the oil price shock, and the unit root hypothesis [J]. *Econometrica: Journal of the Econometric Society*, 1989: 1361-1401.

[88] Perron P. Testing for a unit root in a time series with a changing mean [J]. *Journal of Business & Economic Statistics*, 1990, 8 (2): 153-162.

[89] Perron P, Vogelsang T J. Testing for a unit root in a time series with a changing mean: corrections and extensions [J]. *Journal of Business & Economic Statistics*, 1992, 10 (4): 467-470.

[90] Petruccelli J D, Woolford S W. A threshold AR (1) model [J]. *Journal of Applied Probability*, 1984: 270-286.

[91] Petruccelli J, Davies N. A portmanteau test for self-exciting thresh-

old autoregressive-type nonlinearity in time series [J]. *Biometrika*, 1986, 73 (3): 687 – 694.

[92] Pfann G A, Schotman P C, Tschernig R. Nonlinear interest rate dynamics and implications for the term structure [J]. *Journal of Econometrics*, 1996, 74 (1): 149 – 176.

[93] Pham D T, Chan K S, Tong H. Strong consistency of the least squares estimator for a nonergodic threshold autoregressive model [J]. *Statistica Sinica*, 1991, 1 (2): 361 – 369.

[94] Phillips P C. Understanding spurious regressions in econometrics [J]. *Journal of econometrics*, 1986, 33 (3): 311 – 340.

[95] Phillips P C. Towards a unified asymptotic theory for autoregression [J]. *Biometrika*, 1987, 74 (3): 535 – 547.

[96] Phillips P C, Perron P. Testing for a unit root in time series regression [J]. *Biometrika*, 1988, 75 (2): 335 – 346.

[97] Pippenger M K, Goering G E. Practitioners Corner: A Note on the Empirical Power of Unit Root Tests under Threshold Processes? [J]. *Oxford Bulletin of Economics and Statistics*, 1993, 55 (4): 473 – 481.

[98] Pitarakis J. A joint test for structural stability and a unit root in autoregressions [J]. *Computational Statistics & Data Analysis*, 2012.

[99] Ramsey J B, Rothman P. Time irreversibility and business cycle asymmetry [J]. *Journal of Money, Credit and Banking*, 1996, 28 (1): 1 – 21.

[100] Ramsey J B. Tests for specification errors in classical linear least-squares regression analysis [J]. *Journal of the Royal Statistical Society. Series B (Methodological)*, 1969: 350 – 371.

[101] Rogoff K. Exchange rates in the modern floating era: what do we really know? [J]. *Review of World Economics*, 2009, 145 (1): 1 – 12.

[102] Said S E, Dickey D A. Testing for unit roots in autoregressive-moving average models of unknown order [J]. *Biometrika*, 1984, 71 (3): 599 – 607.

[103] Schmidt P, Phillips P C. LM tests for a unit root in the presence of deterministic trends [J]. *Oxford Bulletin of Economics and Statistics*, 1992, 54 (3): 257 – 287.

[104] Seo M H. Unit root test in a threshold autoregression: asymptotic theory and residual-based block bootstrap [J]. *Econometric Theory*, 2008, 24 (6): 1699.

[105] Seo M. Unit Root Test in a Threshold Autoregression: Asymptotic Theory and Residual-based Block Bootstrap. http: // sticerd. lse. ac. Uk /dps / em /em484. pdf, 2005: working paper.

[106] Sercu P, Uppal R, Hulle C. The exchange rate in the presence of transaction costs: implications for tests of purchasing power parity [J]. *The Journal of Finance*, 1995, 50 (4): 1309 – 1319.

[107] Shin D W, Lee O. Tests for asymmetry in possibly nonstationary time series data [J]. *Journal of Business and Economic Statistics*, 2001, 19 (2): 233 – 244.

[108] Stenseth N C, Chan K, Tong H, et al. Common dynamic structure of Canada lynx populations within three climatic regions [J]. *Science*, 1999, 285 (5430): 1071 – 1073.

[109] Strikholm B, Ter? svirta T. A sequential procedure for determining the number of regimes in a threshold autoregressive model [J]. *The Econometrics Journal*, 2006, 9 (3): 472 – 491.

[110] Taylor A M. Potential pitfalls for the purchasing-power-parity puzzle? Sampling and specification biases in mean-reversion tests of the law of one price [J]. *Econometrica*, 2001, 69 (2): 473 – 498.

[111] Taylor M P, Peel D A, Sarno L. Nonlinear Mean-Reversion in Real Exchange Rates: Toward a Solution to the Purchasing Power Parity Puzzles [J]. *International Economic Review*, 2001, 42 (4): 1015 – 1042.

[112] Taylor M P, Sarno L. The behavior of real exchange rates during the post – Bretton Woods period [J]. *Journal of international Economics*, 1998, 46 (2): 281 – 312.

[113] Tersvirta T. Specification, estimation, and evaluation of smooth transition autoregressive models [J]. *Journal of the american Statistical association*, 1994, 89 (425): 208 – 218.

[114] Tiao G C, Tsay R S. Some advances in non - linear and adaptive modelling in time-series [J]. *Journal of forecasting*, 1994, 13 (2): 109 – 131.

[115] Tong H. *On a threshold model* [M]. Sijthoff & Noordhoff, 1978.

[116] Tong H. *Threshold models in non-linear time series analysis. Lecture notes in statistics*, No, 21 [M]. Springer – Verlag, 1983.

[117] Tong H. *Non-linear time series: a dynamical system approach* [M]. Oxford University Press, 1990.

[118] Tsay R S. Testing and modeling threshold autoregressive processes [J]. *Journal of the American Statistical Association*, 1989, 84 (405): 231 – 240.

[119] Tsay R S. Testing and modeling multivariate threshold models [J]. *Journal of the American Statistical Association*, 1998, 93 (443): 1188 – 1202.

[120] Williamson J, Bergsten C F. *The exchange rate system* [M]. Institute for International Economics Washington, DC, 1985.

[121] Zivot E, Andrews D. Further evidence on the great crash, the oil price shock and the unit root hypothesis [J]. *Journal of Business and Economic Statistics*, 1992 (10): 251 – 270.

后　记

　　2011年6月，我收到了南开大学数量经济学专业的博士入学通知书，梦想得以实现。三年后，我的博士论文在张晓峒老师的精心指导和亲人、同学、朋友的帮助下，幸运完工，并加入历史悠久的山西大学，成为一名高等教育工作者。在山西大学工作后，我继续从事计量经济领域的研究，并获得了山西省高等学校哲学社会科学研究项目——"股指期货市场的价格发现效率及其非线性动态过程研究"的立项，以及教育部人文社科研究青年项目——"基于因果视角的金融网络系统性风险溢出效应测度研究"的立项。

　　回首来时路，不禁感慨时光飞逝，校园生活中的一幕幕，宛在昨天。人生就是如此吧，每个阶段结束的时候，既会怀念过往又很期待未来。或许因为工作了几年，又或许是复习入学考试的辛苦，所以异常珍惜与职场迥异的校园生活，用心细数这里的时光。一直生活在南方的我，在天津的这三年是我第一次长时间在北方生活学习。华北大地上的每个季节，都比我想象的美丽。南开园自然也是美丽多姿的，我在这里享受了初春盛艳的桃花，盛夏凉爽的新开湖，深秋里大中路上厚厚的落叶，还有冬日里，虽然外面是雾霾，二主楼里面却暖心舒适的B座大教室。

　　三个寒暑走过，我记得暑假在新开湖边看文献，也记得寒假窝在宿舍写论文。三年，给予我的，不仅是不断丰厚的学识，还有从容、自信和幸福的能力，更为珍贵的是师生、同学情谊。成为张晓峒老师的学生，是我的幸运。导师如父，传我知识，更教我做人。张老师渊博的学识、严谨的治学、宽厚的为人是我辈后生学习的楷模。而我的论文得以完成，也得益于张老师在博二期间开的专业讨论课。

　　原以为南开园的这段博士生活，是我的最后一段校园学习经历，然而在参加工作后的2016年10月，我获得到美国堪萨斯大学进行访问学习的机会，跟随蔡宗武教授深造学习，使我对计量经济理论的国际前沿问题有了一定的了解，更加坚定了我在金融计量领域开展学术研究的信心。本书是关于非线性时间序列的平稳性理论研究成果的介绍，是本人将博士期间的研究成果结集成册，在经济科学出版社的帮助支持下公开出版，算作对本人当前研究的一个小结，也期待能够通过经济科学出版社的平台将研究成果进行广泛传播，以期为研究同行及经济政策部门提供有益参考。

在本书的完成过程中，我的老师们、同窗们、朋友和家人都给予我极大的支持；此外，本书受到山西省高等学校哲学社会科学研究项目（2016202）、教育部人文社科研究青年项目（18YJC790119）和山西省"1331 工程"重点创新团队建设计划资助，在此一并感谢。谨以此书，献给我尊敬的老师，亲爱的朋友，还有为这本书十余万字付出的日日夜夜辛劳的自己。

聂思玥

2018 年 10 月